浙江省重点建设高校优势特色学科(浙江工商大学统计学)
统计数据工程技术与应用协同创新中心(浙江省2011协同创新中心) 联合资助
浙江工商大学之江大数据统计研究院
浙江工商大学经济运行态势预警与模拟推演实验室

浙江省海洋节能减排的系统评估

陈钰芬　侯睿婕　著

浙江工商大學出版社
ZHEJIANG GONGSHANG UNIVERSITY PRESS
·杭州·

图书在版编目（CIP）数据

浙江省海洋节能减排的系统评估 / 陈钰芬，侯睿婕
著. — 杭州：浙江工商大学出版社，2021.12
ISBN 978-7-5178-4221-7

Ⅰ. ①浙… Ⅱ. ①陈… ②侯… Ⅲ. ①海洋开发–节能减
排–评估–浙江 Ⅳ. ①P74

中国版本图书馆CIP数据核字（2020）第257443号

浙江省海洋节能减排的系统评估

ZHEJIANG SHENG HAIYANG JIENENG JIANPAI DE XITONG PINGGU

陈钰芬　　侯睿婕　著

责任编辑	谭娟娟
责任校对	夏湘娣
封面设计	红羽文化
责任印制	包建辉
出版发行	浙江工商大学出版社
	（杭州市教工路198号　邮政编码310012）
	（E-mail：zjgsupress@163.com）
	（网址：http://www.zjgsupress.com）
	电话：0571-88904980，88831806（传真）
排　　版	杭州红羽文化创意有限公司
印　　刷	杭州高腾印务有限公司
开　　本	710mm×1000mm　1/16
印　　张	10.75
字　　数	165千
版印次	2021年12月第1版　2021年12月第1次印刷
书　　号	ISBN 978-7-5178-4221-7
定　　价	45.00元

序

由内陆走向海洋，由海洋走向世界，是世界历史上强国发展的必由之路。历史的经验反复告诉我们，一个国家"向海则兴、背海则衰"。21世纪更被世界各国称为"海洋世纪"。

党中央和国务院高度重视海洋事业的发展，将海洋开发与利用上升为国家发展战略。2008年，国务院发布了新中国成立以来首个海洋领域的总体规划——《国家海洋事业发展规划纲要》，指导海洋事业的全面、协调和可持续发展。2012年11月，党的十八大报告中指出："中国将提高海洋资源开发能力，坚决维护国家海洋权益，建设海洋强国。"自此，"建设海洋强国"战略被明确提出。2013年7月30日，中共中央政治局就建设海洋强国召开第八次集体学习会，习近平总书记在会上对建设海洋强国的重要意义、道路方向和具体路径做了系统的阐述，把建设海洋强国融入"两个一百年"奋斗目标里，融入实现中华民族伟大复兴"中国梦"的征程之中，提出"建设海洋强国"的"四个转变"要求。2017年10月，习近平总书记在党的十九大报告中进一步强调了要"坚持海陆统筹，加快建设海洋强国"。在"建设海洋强国"战略的指引下，沿海各省市积极落实中央决策部署，纷纷提出了发展海洋经济的相关政策与规划，如浙江、山东、福建、广东等地均提出了"建设海洋强省"的目标。值得一提的是，早在2003年，时任中共浙江省委书记的习近平同志就为浙江省擘画全省持续坚持的"八八战略"之一，即"发挥浙江的山海资源优势，建设海洋经济强省战略"。

"建设海洋强国"战略涉及海洋资源开发利用、海洋经济发展、海洋生态环境保护、海洋科技创新、海洋权益与国家安全维护、海洋文化建设与交流、海洋命运共同体建设等领域。这些领域相互制约,相辅相成;其中海洋经济是核心内容,是"建设海洋强国"战略的关键环节,更是重要驱动力。推进海洋经济的高质量发展,离不开相应的统计调查、核算、评估与监测体系建设。

自2005年以来,浙江工商大学海洋经济统计研究团队一直参与浙江省海洋经济相关主管部门的统计工作,承担过浙江省海洋经济调查、海洋经济评估模型研究及海洋经济监测平台建设等任务,与浙江省海洋技术中心、浙江省海洋科学院有着紧密的科研合作。2019年,浙江工商大学统计与数学学院牵头组织团队,联合浙江省海洋科学院,开展海洋经济统计系列专著的撰写工作。团队选定了海洋经济发展评估、海岛经济发展、海洋工程建设、海洋节能减排、海洋经济监测等多个主题,利用公开的各类海洋经济统计资料,开展了大量的数据收集、统计分析与综合评价等工作。

该系列专著得到了浙江省重点建设高校优势特色学科、统计数据工程技术与应用协同创新中心(浙江省2011协同创新中心)的资助,也得到了浙江省自然资源厅、浙江省统计局、浙江省海洋科学院等单位的指导和支持,还得到了浙江工商大学出版社的配合。我们希望本系列专著的出版,能够展示浙江省海洋经济发展的现状和趋势,为海洋经济相关主管部门的政策制定提供基础依据。但由于团队所掌握的统计资料不够全面,研究能力与海洋经济发展的实际需求有一定的脱节,此次出版的系列专著中还存在许多不足和可供进一步讨论的内容,欢迎专家学者们批评指正。

海洋经济发展是一项长期发展的国家战略。我们相信在学术界、实务界的共同推动下,海洋经济统计体系建设必定会取得长足进步,为我国经济高质量发展增添不竭动力。

苏为华

于浙江工商大学

目　录

🐚 导　论[①]

一、研究背景

浙江省是我国海洋大省，拥有海域面积 260 000 平方千米，是陆域面积的 2.6 倍，大陆海岸线和海岛岸线长达 6715 千米，占全国海岸线总长的 20.3％，占全国的 20.3％，居全国第一位。浙江省得天独厚的区位优势决定了其海洋经济的快速发展，2017 年浙江省海洋生产总值约 7600 亿元，占全省生产总值的比重超过了 15％，可见海洋经济产业已经成为浙江省经济发展的中坚力量。

在浙江省海洋经济迅速发展的同时，海洋脆弱的生态系统遭到破坏，海洋逐步成了陆源污染物输出和排放的空间载体，这已经成为浙江省海洋经济持续发展的瓶颈。2008 年，中度污染与严重污染海域面积占全省近海面积的 47％，严重污染海域主要分布在杭州湾、甬江口、象山港、椒江口、瓯江口和鳌江口等港湾和河口海域。2018 年，浙江省海域共发生赤潮 18 次，累计面积达 1069.05 平方千米，其中有毒、有害赤潮 6 次，同时，宁波海域发生赤潮次数最多且累计面积最大。在《2018 年中国海洋生态环境状况公报》中，仅有浙江省的近海水质被评为极差。在这背景下，如何制定合理有效的政策措

---

① 此次调查于 2016 年底进行，书稿成形于 2018 年，其中的预测以当年数据为基础。

施来控制入海污染物排放，保障海洋经济的可持续发展和环境友好发展，是浙江省亟待解决的难题。

高投入、高消耗、高排放、低效率的增长方式是导致浙江省入海污染物较高的主要原因。浙江省相关部门针对上述问题，采取了一系列措施控制能源消耗和污染物排放，取得了一定的效果。如，"十二五"时期，浙江省内生产总值能耗降低了20.7%，化学需氧量、二氧化硫、氨氮、氮氧化物等主要污染物排放总量分别减少了18.8%，21.3%，16.9%，28.8%，超额完成了节能减排的预定目标任务。而且，在《浙江省"十三五"节能减排综合工作方案》中进一步强化了节能减排的目标，"到2020年，全省单位生产总值能耗比2015年下降17%，能源消费总量控制在2.2亿吨标准煤以内，全省化学需氧量、氨氮、二氧化硫、氮氧化物、挥发性有机物排放总量比2015年分别下降19.2%，17.6%，17%，17%，20%"。

与浙江省海洋污染物的累计存量相比，现有的节能减排目标的减少量仍然是杯水车薪。因此，通过对海洋节能减排状况进行系统分析，摸清入海污染源的分布、主要污染物排放状况、主要污染主体的分布和涉海企业的能耗状况，评估海洋节能减排绩效，建立海洋节能减排预警体系，对于提高节能减排政策制定的即时性、针对性和有效性具有重要意义。

二、研究意义

本书通过剖析浙江省及其沿海城市的节能减排基本状况，量化评估与分析主要污染物浓度变化趋势、陆源污染物排放与海洋养殖业的关联关系、海洋节能减排绩效、涉海企业能源效率、海洋节能减排预警等。研究意义主要有以下几点：

（一）开展海洋节能减排状况分析，是全面掌握浙江省入海污染源分布情况和主要污染物排海情况的重要手段

在浙江省海洋经济迅速发展的过程中，产生了大量的污染物，对海洋环

境造成了恶劣的影响。入海排污口和入海河流是其中最重要的点源，但与此污染源的分布和主要污染物的排海状况相关的研究较少且零散。因此，通过对浙江省海洋节能减排状况进行研究，摸清入海河流分布及水质状况、入海排污口分布及排污状况、入海污染源综合状况，有利于正确判断各类污染物排放水平与分布特点，为今后落实节能减排政策，加强陆源污染物排海监管，研究制定保护海洋环境免受陆源污染物损害的政策奠定基础。

（二）量化分析能源效率，对于提高政府部门节能工作的针对性和有效性具有重要参考意义

浙江省借助区位优势及对外开放的有利条件，促使海洋经济得到快速发展，但同时也伴随着能源消耗量较大的问题。因此，本书通过量化分析浙江省各沿海城市的能源效率及其与污染排放和海洋经济发展的关系，明确各沿海城市能源消耗情况，正确判断海洋产业能源消耗和污染排放与经济发展的关系，这对于提高政府部门节能工作的针对性和有效性具有重要参考意义。

（三）建立海洋节能减排预警体系，是完成浙江省"十三五"期间的节能减排目标的重要保障

通过建立海洋节能减排预警体系，做好海洋节能减排预警应急工作；同时，对沿海城市能源消耗、污染排放等各类信息进行收集、处理、发布，向相关部门提供及时、准确、有效的海洋节能减排预警应急信息，可以针对预警信息开展及时有效的应对措施与防治工作，从而保障浙江省"十三五"期间的节能减排目标顺利完成。

三、框架安排

本书以相关年度的《浙江省海洋环境公报》《浙江自然资源与环境统计年鉴》《浙江省第三次经济普查资料》等为基础，对浙江省海洋节能减排情况进行概述，并对主要污染物浓度变化趋势、陆源污染物排放与海洋养殖业的关联关系、海洋节能减排绩效、涉海企业能源效率、海洋节能减排预警等进行

评估与分析。全书共分为概况篇和专题篇两部分，基本的框架结构如图 1
所示。

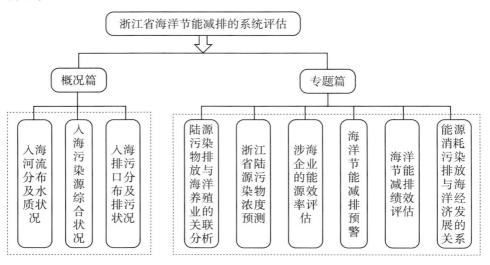

图 1　基本框架

全书内容分为 8 章。第一章和第二章构成了概况篇，主要分析浙江省海
洋节能减排的基本情况。其中，第一章介绍浙江省海洋节能减排概况，主要
从浙江省入海河流分布及水质状况、入海排污口分布及排污状况、入海污染
物综合状况 3 个方面对浙江省节能减排情况进行分析；第二章则分别对浙江
省 6 个沿海城市的节能减排实施情况进行分析。

第三章至第八章构成了专题篇，主要运用各类统计方法、模型针对相应
的主题开展数量分析。第三章主要介绍浙江省陆源污染物浓度预测模型。该
章在现有相关研究的基础上，根据历年《浙江自然资源与环境统计年鉴》相
关数据，采用灰色微分预测模型，对浙江省沿海城市陆源污染物浓度进行
预测。

第四章为陆源污染物排放与海洋养殖产业的关联分析。该章通过提取历
年《浙江自然资源与环境统计年鉴》中的海洋养殖产量及化学需氧量、氨
氮、总氮、总磷、石油类等污染物浓度，借助灰色关联分析模型，对各类型
陆源污染物排放与海洋养殖产业的关联系数及关联度进行分析。

第五章为能源消耗、环境污染与海洋经济发展的统计关系研究。该章首

先对能源消耗、污染排放与海洋经济发展的主要影响因素进行分析；然后采用灰色关联分析模型，对各指标与参考序列的关联系数及关联度进行分析。

第六章为沿海城市的能源效率评估与分析。该章首先对能源效率的含义进行界定，再结合相关研究，构建沿海城市能源效率评估指标体系；然后采用 DEA 模型确定指标权重，并对指标体系进行合成。

第七章为海洋节能减排绩效评估。该章首先对海洋节能减排进行界定，并结合已有研究，构建海洋节能减排指标体系；然后采用 Delphi-AHP 法确定指标权重，并对测算模型进行合成。

第八章为海洋节能减排预警。该章从海洋节能减排预警的功能出发，构建浙江省沿海城市海洋节能减排预警评估指标体系，同时借助熵权法确定指标权重，并对测算模型进行合成。

四、研究方法

本书的研究围绕海洋污染物预测、污染排放与海洋经济的关系及海洋节能减排绩效评估的问题，综合运用灰色系统理论、数据包络分析、综合评价等多种方法，分析浙江省及其沿海城市的节能减排基本状况。

灰色系统理论。针对数据长度短、信息不充分的特点，运用灰色系统理论与方法对相关问题进行预测。第三章构建了灰色微分预测模型，用于开展对浙江省沿海城市陆源污染物浓度等的预测；第四章、第五章采用了灰色关联分析模型，分别对陆源污染物排放与产业的关联度、污染排放与海洋经济发展的关联度进行分析。

数据包络分析。基于投入—产出的视角，设计效率测算模型并将之应用于相关问题的分析中。特别是针对第六章中沿海城市能源效率评估的问题，采用数据包络分析方法确定指标权重，并对指标体系进行综合，以此来测算涉海企业能源的相对效率。

综合评价理论与方法。利用多指标综合评价理论，根据不同的海洋节能

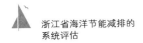
减排主题，通过构建指标体系、指标权重的优化分配等过程，以综合得分的方式展示评价内容的整体水平。这一方法主要被应用于第六章、第七章和第八章的相关评价问题。

多目标决策方法。主要将相关决策方法，如灰色关联分析模型、熵权法、德尔菲法（Delphi）、层次分析法（AHP）等应用于相应的评估问题。例如，在第七章中，我们构建 Delphi-AHP 法对海洋节能减排绩效问题进行了评价。

第一章

浙江省海洋节能减排
概况：省级视角

为全面掌握浙江省陆源入海污染源的分布和主要污染物的排海情况，加强对陆源污染物的排海监督，本章以机关年度的《浙江省海洋环境公报》《浙江自然资源与环境统计年鉴》等为基础，主要从入海河流分布及水质状况、入海排污口分布及排污状况、入海污染物综合状况3个方面对浙江省节能减排情况进行分析，并基于分析提出了浙江省海洋排放存在的问题与相应的建议。

第一节｜入海河流分布及水质状况

根据《浙江省海洋环境公报》和《浙江自然资源与环境统计年鉴》中的相关资料，本节分别从入海河流的基本情况、水质情况和携带的污染物情况3个方面对入海河流的分布情况进行系统分析。

一、入海河流的基本情况

针对入海河流的基本情况，本小节从入海河流的分布、流域面积分布和设闸情况3个方面进行描述分析。

（一）入海河流分布情况

从整体上看，浙江省有27条入海河流。其中，宁波市有15条，台州市有8条，嘉兴市有3条，绍兴市有1条。

（二）入海河流流域面积

从流域面积来看，浙江省有10条入海河流的流域面积在50—100（不含100）平方千米范围内，有12条入海河流的流域面积在100—1000（不含1000）平方千米范围内，有4条入海河流的流域面积在1000—10 000（不含10 000）平方千米的范围内，1条入海河流的流域面积超过10 000平方千米。相关数据可见图1.1。

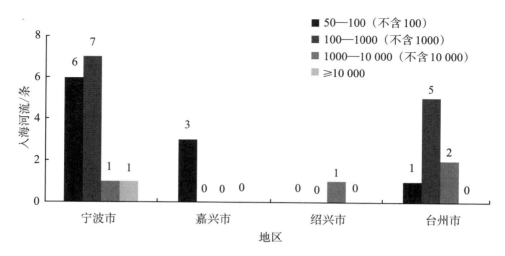

图1.1 浙江省各市不同流域面积入海河流的分布情况

分地区来看，在50—100（不含100）平方千米的流域范围内，宁波市入海河流数量最多（6条），嘉兴市次之（3条），台州市只有1条；在100—1000（不含1000）平方千米的流域范围内，宁波市入海河流数量也居于第一位（7条），其次是台州市（5条）；在1000—10 000（不含10 000）平方千米的流域范围内，台州市入海河流数量最多（2条），宁波市和绍兴市次之（均为1条）；在超过10 000平方千米的流域范围内，只有宁波市有1条。

（三）入海河流的设闸情况

由相关数据可知，浙江省有13条河流在入海口处设闸。其中，宁波市最多，为5条，占比为38.46％；台州市次之，有4条，占比为30.77％；嘉兴市和绍兴市受入海河流总条数的限制，两者入海河流设闸数之和仅占比30.77％。相关数据可见图1.2。

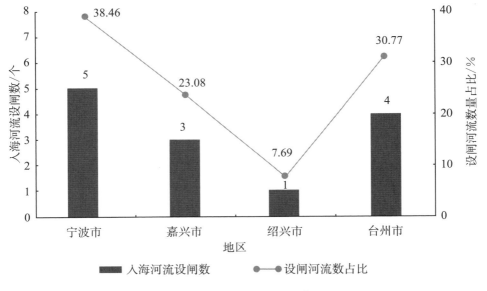

图1.2　入海河流设闸数情况

二、入海河流的水质情况

根据入海河流水质的监测情况，参照《地表水环境质量标准》（GB 3838—2002），对浙江省入海河流水质情况进行评价（见表1.1）。结果显示，氰化物、砷、六价铬、铅、镉、汞均符合第一类地表水水质标准；总氮符合劣五类地表水水质标准；化学需氧量、氨氮、石油类、挥发酚、生化需氧量、总磷的地表水水质标准分布如下：

化学需氧量符合第一、二类地表水水质标准的占50.00%，符合第三类地表水水质标准的占7.14%，符合第四类地表水水质标准的占28.57%，符合第五类地表水水质标准的占7.14%，符合劣五类地表水水质标准的占7.14%。

氨氮符合第一类地表水水质标准的占7.69%，符合第二类地表水水质标准的占38.46%，符合第三类地表水水质标准的占15.38%，符合第四类地表水水质标准的占15.38%，符合劣五类地表水水质标准的占23.08%。

石油类符合第一、二、三类地表水水质标准的占72.22%，符合第四类地表水水质标准的占27.78%。

挥发酚符合第一、二类地表水水质标准的占87.50%，符合第三类地表水水质标准的占 12.50%。

生化需氧量符合第三类地表水水质标准的占 50%，符合第四类地表水水质标准的占 16.67%，符合第五类地表水水质标准的占 16.67%，符合劣五类地表水水质标准的占 16.67%。

总磷符合第二类地表水水质标准的占 36.84%，符合第三类地表水水质标准的占 15.79%，符合第四类地表水水质标准的占 21.05%，符合劣五类地表水水质标准的占 26.32%。

表1.1　水质状况分类评估情况表

入海河流名称	化学需氧量	氨氮	石油类	挥发酚	生化需氧量	总磷	总氮	氰化物	砷	六价铬	铅	镉	汞
椒江	一、二类	一类	一、二、三类	—	—	四类	劣五类	—	一、二、三类	一类	—	一类	一、二类
甬江	四类	四类	一、二、三类	—	—	劣五类	—	—	一、二、三类	—	—	—	—
海盐塘	四类	三类	四类	—	三类	四类	劣五类	—	—	—	—	—	—
金清港	—	劣五类	四类	一、二类	三类	劣五类	劣五类	—	一、二类	一类	—	一类	一、二类
黄姑塘	四类	三类	四类	—	劣五类	四类	劣五类	—	—	—	—	—	—
健跳港	—	二类	一、二、三类	一、二类	—	二类	—	—	一、二、三类	一类	一、二类	一类	一、二类
陶家路江	—	—	—	—	—	—	—	—	—	—	—	—	—
凫溪	一、二类	—	一、二、三类	—	—	三类	劣五类	—	一、二、三类	—	一、二类	—	一、二类
浦坝港	—	二类	一、二、三类	—	—	三类	—	—	一、二、三类	—	—	—	—
箬松大河	五类	劣五类	四类	一、二类	四类	劣五类	—	—	—	—	一类	—	—
红胜海塘2号闸T	三类	一、二、三类	一、二、三类	—	—	劣五类	劣五类	—	一、二、三类	—	—	—	一、二类
曹娥江	一、二类	二类	一、二、三类	一、二类	—	二类	劣五类	—	一、二、三类	一类	—	—	一、二类
长山河	四类	四类	四类	—	三类	四类	劣五类	—	—	—	—	—	—

入海河流名称	化学需氧量	氨氮	石油类	挥发酚	生化需氧量	总磷	总氮	氰化物	砷	六价铬	铅	镉	汞
颜公河	一、二类	—	一、二、三类	三类	五类	二类	劣五类	—	一、二、三类	—	—	—	一、二类
洞港	—	二类	一、二、三类	一、二类	—	三类	—	一类	一、二、三类	一类	一、二类	一类	一、二类
海游港	一、二类	二类	一、二、三类	一、二类	—	二类	—	一类	一、二、三类	一类	一、二类	一类	一、二类
中堡溪（胡陈港大闸）	—	—	—	—	—	—	—	—	—	—	—	—	—
白溪	—	—	—	—	—	—	—	—	—	—	—	—	—
小峡江（浃水大闸）	—	—	—	—	—	—	—	—	—	—	—	—	—
红胜海塘1号闸T（降渚溪）	一、二类	—	一、二、三类	—	—	二类	劣五类	—	一、二、三类	—	—	—	一、二类
茶院溪（毛屿港大闸）	—	—	—	—	—	—	—	—	—	—	—	—	—
大塘港水库（胜利闸）	—	—	—	—	—	—	—	—	—	—	—	—	—
桐丽河	—	钱塘江	—	—	—	劣五类	—	—	—	—	—	—	—
大嵩江	一、二类	—	一、二、三类	—	—	二类	劣五类	—	一、二、三类	—	一、二类	—	一、二类
邻浦江	—	—	—	—	—	—	—	—	—	—	—	—	—
淡港河（淡港闸）	劣五类	—	一、二、三类	—	—	二类	劣五类	—	一、二、三类	—	一、二类	—	一、二类
钱塘江	—	—	—	—	—	—	—	—	—	—	—	—	—

注："—"表示数据缺失，下文表中同此情况。

三、入海河流携带的污染物分析

针对入海河流携带的污染物，首先从整体角度对携带的污染物总量进行描述分析，然后具体分析浙江省各市入海河流所携带的污染物，并进行差异性分析。

（一）入海河流携带的污染物情况

浙江省河流携带的污染物入海量为72 238.90吨/年（见图1.3）。其中，化学需氧量、总氮和生化需氧量的入海量分别为46 106.30吨/年、18 208.44吨/年和3539.42吨/年，氰化物和挥发酚的入海量分别为5.13吨/年、1.71吨/年，砷和总铬的入海量分别为18.88吨/年、16.39吨/年，另外还携带少量的镉和汞。

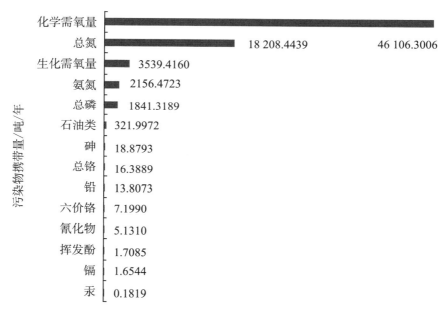

图1.3　入海河流污染物携带量

（二）各市污染物排放构成的差异性分析

从污染物排放的构成来看，各市表现的特征差异较大。其中，宁波市、嘉兴市和绍兴市均是化学需氧量的入海量最多，台州市则是总氮的入海量最多，相关数据可见表1.2。

表1.2　浙江省各市入海河流污染物排放量

单位：吨/年

污染物分类	宁波市	嘉兴市	绍兴市	台州市
化学需氧量	20 514.06	8882.14	4144.00	12 566.10
氨氮	637.50	398.67	68.08	1052.22

污染物分类	宁波市	嘉兴市	绍兴市	台州市
石油类	37.98	34.04	2.96	247.02
挥发酚	0.23	—	0.21	1.27
生化需氧量	602.04	1728.57	858.40	350.41
总磷	273.71	82.97	22.79	1461.85
总氮	2556.20	1386.96	1030.08	13 235.20
氰化物	—	—	1.18	3.95
砷	1.85	—	0.36	16.67
总铬	—	—	—	16.39
六价铬	—	—	1.18	6.02
铅	0.04	—	0.59	13.18
镉	0.01	—	0.06	1.58
汞	0.01	—	0.01	0.16

在宁波市入海河流携带的污染物中，化学需氧量的入海量为20 514.06吨/年，总氮的入海量为2556.20吨/年，氨氮和生化需氧量的入海量分别为637.50吨/年和602.04吨/年，总磷的入海量为273.71吨/年，另外还有少量的石油类、砷、挥发酚、铅、汞和镉。

在嘉兴市入海河流携带的污染物中，化学需氧量的入海量为8882.14吨/年，生化需氧量和总氮的入海量分别为1728.57吨/年和1386.96吨/年，氨氮的入海量为398.67吨/年，总磷和石油类的入海量分别为82.97吨/年和34.04吨/年。

在绍兴市入海河流携带的污染物中，化学需氧量的入海量为4144.00吨/年，总氮的入海量为1030.08吨/年，生化需氧量的入海量为858.40吨/年，氨氮和总磷的入海量分别为68.08吨/年和22.79吨/年，另外还有少量的石油类、氰化物、六价铬、砷、挥发酚、铅、镉和汞。

在台州市入海河流携带的污染物中，总氮的入海量为13 235.20吨/年，化学需氧量的入海量为12 566.10吨/年，总磷的入海量为1461.85吨/年，氨氮、生化需氧量、石油类的入海量分别为1052.22吨/年、350.41吨/年、247.02吨/年，砷和总铬的入海量分别为16.67吨/年、16.39吨/年，铅的入海量为13.18吨/年，另外还有少量的挥发酚、氰化物、六价铬、镉和汞。

第二节 | 入海排污口分布及排污状况

本节主要从入海排污口分布、排污口的主要排污方式、排污口入海方式、入海排污口携带的污水及污染物情况4个方面进一步系统地分析浙江省入海排污口分布和基本排污情况。

一、入海排污口分布状况

针对入海排污口基本情况，本部分先对浙江省整体入海排污口分布情况进行分析，在此基础上，按照不同类型的入海排污口进行详细分析。

（一）入海排污口的分布情况

浙江省有164个陆源入海排污口。其中，宁波市入海排污口的数量最多（80个），占比高达48.78%；其次是舟山市和温州市，分别有49个和21个；入海排污口数量较少的是台州市、嘉兴市和绍兴市，分别有9个、3个和2个。相关数据可见图1.4。

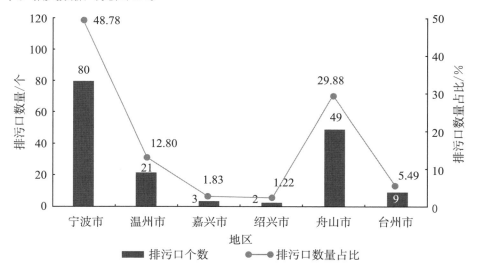

图1.4　浙江省各市入海排污口的数量分布

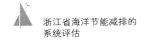

（二）不同类型入海排污口的分布情况

从类型来看，浙江省入海排污口以工业排污口为主，有83个，占比高达
50.61%；市政排污口次之，有35个，占比21.34%；排污河27条，占比
16.46%；综合排污口相对较少，仅有19个，占比11.59%。相关数据可见图1.5。

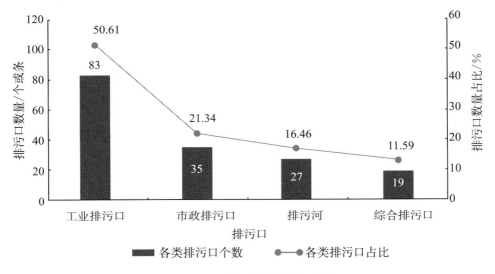

图1.5 不同类型入海排污口分布

（三）各市入海排污口的类型分布

从各地市入海排污口的类型分布来看，地市间存在显著的差别。宁波
市、舟山市和嘉兴市以工业排污口为主，温州、台州两市以市政排污口为
主，绍兴市则都是综合排污口。相关数据可见图1.6。

具体而言，在工业排污口中：舟山市最多，有44个；宁波市次之，有29
个；温州市、台州市和嘉兴市较少，分别有5个、3个和2个。在市政排污口
中：宁波市和温州市较多，分别有13个和11个；其次是台州市和舟山市，分
别有6个和4个；嘉兴市较少，仅有1个。在排污河中：宁波市最多，有26
条；另外一条分布在温州市。在综合排污口中：宁波市最多，有12个；温州
市、绍兴市和舟山市也有涉及，分别有4个、2个和1个。

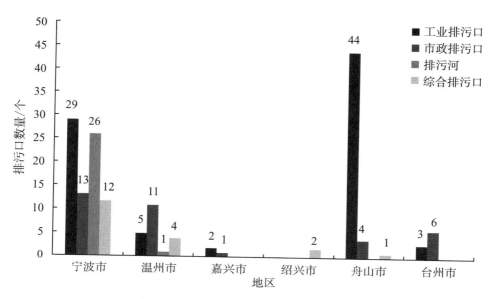

图1.6　各市不同类型入海排污口分布

二、排污口的主要排污和入海方式分析

针对入海排污口排污情况，本部分从入海排污口的排污方式、排污口入海方式及排污口深海排放情况3个方面入手，分析浙江省及各市入海排污口排污的基本情况。

（一）入海排污口的排污方式

浙江省入海排污口的排污方式以连续性和间歇性排放为主。在浙江省164个陆源入海排污口中，87个排污口的排污方式为连续性排放，占总量的53.05％；76个排污口的排污方式为间歇性排放，占总量的46.34％；1个排污口的排污方式为季节性排放。相关数据可见图1.7。

分地区来看，入海排污口排污方式的地区差异较为明显。其中，宁波市、台州市、嘉兴市和绍兴市入海排污口的排污方式以连续性排放为主，舟山市和温州市入海排污口的排污方式则以间歇性排放为主。相关数据可见图1.8。

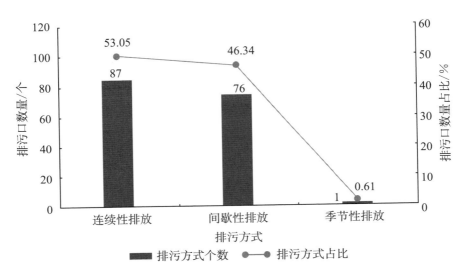

图 1.7　入海排污口排污方式的整体情况

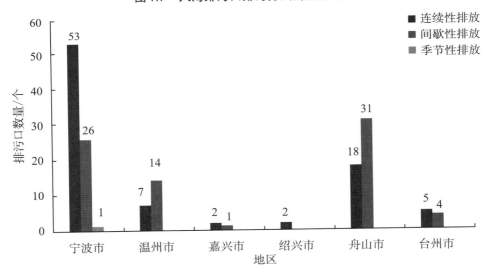

图 1.8　各市排污口的主要排污方式

具体而言，在连续性排放方式中：宁波市的排污口最多，高达 53 个；舟山市次之，有 18 个；温州市、台州市、嘉兴市和绍兴市较少，分别有 7 个、5个、2 个和 2 个。在间歇性排放方式中：舟山市的排污口最多，有 31 个；宁波市和温州市次之，分别有 26 个和 14 个；台州市和嘉兴市较少，分别有 4 个和1 个。在季节性排放方式中，仅宁波市有 1 个。

从入海排污口类型来看，浙江省的工业排污口和综合排污口以间歇性排放和连续性排放为主，而市政排污口和排污河以连续性排放为主。相关数据可见图1.9。

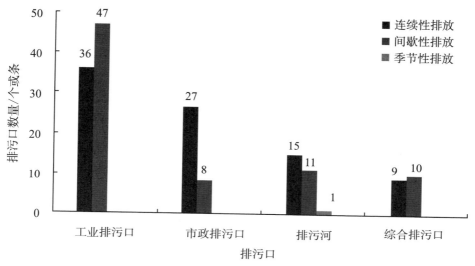

图1.9　不同类型排污口的主要排污方式

具体而言，在连续性排放方式中：工业排污口最多，有36个；市政排污口次之，有27个；排污河和综合排污口较少，分别有15条和9个。而在间歇性排放方式中：工业排污口最多，有47个；其次是排污河和综合排污口，分别有11条和10个；最少的是市政排污口，仅有8个。在季节性排放方式中，仅有1条排污河，无其他类型排污口。

（二）排污口的入海方式

在浙江省164个陆源入海排污口中，35个排污口的入海方式为明渠，26个排污口的入海方式为暗管，25个排污口的入海方式为明管，仅有6个排污口的入海方式为暗渠。另外，还有72个排污口通过其他方式入海，所占比重最高，说明浙江省排污口的入海方式具有多样性。相关数据可见图1.10。

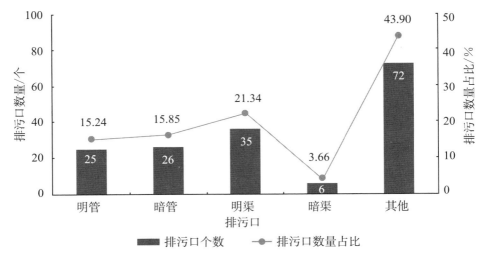

图1.10　排污口的入海方式

　　分地区来看，各市排污口入海方式存在显著差异。其中，宁波市排污口以明渠入海方式为主，舟山市排污口以其他方式入海为主，温州市排污口以暗管入海方式为主，台州市排污口以明管入海为主，而嘉兴市和绍兴市由于入海排污口较少，入海方式也较为分散。相关数据可见图1.11。

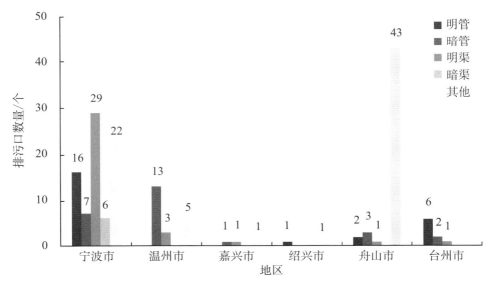

图1.11　各市排污口的入海方式

　　明渠是宁波市排污口最主要的入海方式（29个），数量占宁波市排污口总量的36.25%，其次是其他和明管方式入海，分别为22个和16个，通过暗管和暗渠入海的排污口较少，分别为7个和6个。

舟山市排污口以其他方式入海为主（43个），数量占舟山市排污口总量的87.76%；还有3个排污口通过暗管入海，2个排污口通过明管入海，1个排污口通过明渠入海。

温州市排污口以暗管方式入海为主（13个），数量占温州市排污口总量的61.90%，还有5个排污口通过其他方式入海，3个排污口通过明渠入海。

台州市排污口以明管方式入海为主（6个），数量占台州市排污口总量的66.67%，2个排污口通过暗管入海，1个排污口通过明渠入海。

嘉兴市共有3个排污口，分别通过暗管、明渠和其他方式入海。

绍兴市共有2个排污口，其中1个通过明管入海，1个通过其他方式入海。

从排污口的类型来看，工业排污口、市政排污口和综合排污口均以其他方式入海为主，排污河则以明渠方式入海为主。相关数据可见图1.12。

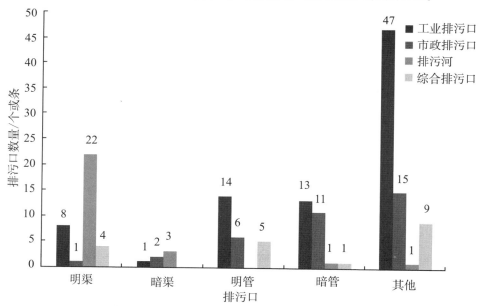

图1.12 不同类型排污口的入海方式

在工业排污口中：47个通过其他方式入海，占比最高；明管、暗管方式入海次之，分别为14个和13个；明渠方式入海较少（8个）；暗渠方式入海最少，仅为1个。

在市政排污口中，同样是通过其他方式入海的排污口最多（15个），数量占市政排污口总量的42.86%；其次是暗管方式入海（11个）；另外，有6个排污口以明管方式入海，1个排污口以明渠方式入海，2个排污口则以暗渠方式入海。

与工业排污口和市政排污口不同，在27条排污河中，有22条以明渠方式入海，占排污河总量的81.48%；3条排污河以暗渠方式入海；另外各有1条排污河以暗管、其他方式入海。

在综合排污口中，9个通过其他方式入海，5个以明管方式入海，4个以明渠方式入海，仅1个以暗管方式入海。

（三）排污口的深海排放情况

在浙江省164个排污口中，97个是非深海排放，67个是深海排放。分地市来看，宁波市和温州市的入海排污口以非深海排放为主，舟山、台州和嘉兴3市以深海排放为主，绍兴市的2种排放方式各占一半。相关数据可见图1.13。

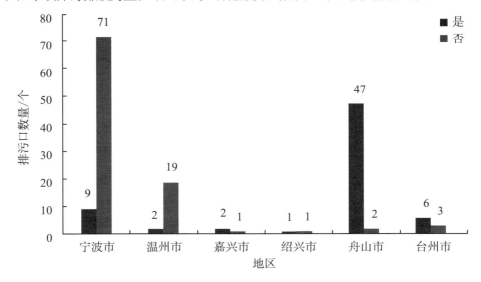

图1.13 排污口深海排放的地区分布

具体而言，宁波市80个排污口中有71个进行非深海排放，占宁波市入海排污口总量的88.75%；温州市21个排污口中有19个进行非深海排放，占温州入海排污口总量的90.48%；舟山市排污口进行深海排放的数量最多，有47

个，占到舟山市排污口总量的**95.92%**；台州市和嘉兴市排污口进行深海排放的数量均占各市入海排污口总量的1/3；绍兴市共有2个排污口，其中1个进行深海排放，另外1个进行非深海排放。

从入海排污口的类型来看，除工业排污口外，浙江省其他类型排污口更倾向于非深海排放，非深海排放总体比例达到**59.15%**。相关数据可见图1.14。

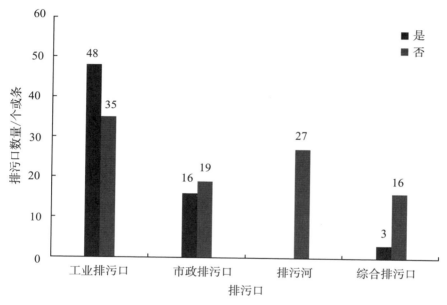

图1.14 不同类型排污口深海排放分布

具体而言，工业排污口以深海排放为主（48个），数量占到工业排污口总量的**57.83%**，其余为非深海排放，占比为**42.17%**。与工业排污口不同，市政排污口、排污河和综合排污口均以非深海排放为主。其中：市政排污口中非深海排放的比例（**54.29%**）略高于深海排放（**45.71%**），但两者相差不大；综合排污口中非深海排放的比例高达**84.21%**；排污河则全部采用非深海排放。

三、入海排污口携带的污水及污染物情况

本部分从入海排污口携带的污水和污染物2个方面具体分析浙江省及各市入海排污口携带污染的基本情况。

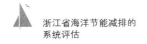

（一）入海排污口携带的污水

浙江省共有164个入海排污口，污水入海总量为580 244.26吨/年。分地市来看，台州市污水入海量最多，达200 379.15吨/年，占浙江省入海排污口携带污水总量的34.53%；宁波市和温州市污水入海量次之，分别为195 975.74吨/年、103 502.22吨/年，占比分别为33.77%，17.84%；绍兴市、嘉兴市和舟山市污水入海量相对较少，分别为32 848.00吨/年、32 074.30吨/年、15 464.84吨/年，占比分别为5.66%，5.53%，2.67%。相关数据可见图1.15。

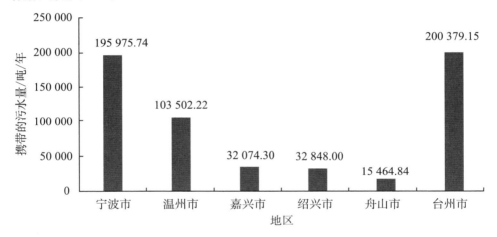

图1.15　各市排污口携带的污水量

分地市来看，台州市有9个入海排污口，占浙江省入海排污口总数的5.49%，却排放了浙江省34.53%的污水，反映了台州市入海排污口压力较大。宁波市有80个排污口，占浙江省入海排污口总数的48.78%，排放了浙江省33.77%的污水；温州市、绍兴市、嘉兴市分别有21、2、3个排污口，各占浙江省入海排污口总数的12.80%，1.22%，1.83%，分别排放了浙江省17.84%，5.66%，5.53%的污水；舟山市排污口总量为49个，但排放的污水总量却最少。

从排污口类型来看，污水入海量最多的是工业排污口，高达497 329.43吨/年，占浙江省入海排污口携带污水总量的85.71%；其次是综合排污口和市政排污口，分别占比8.30%，5.72%；排污河污水入海量最少，仅占0.27%。相关数据可见图1.16。

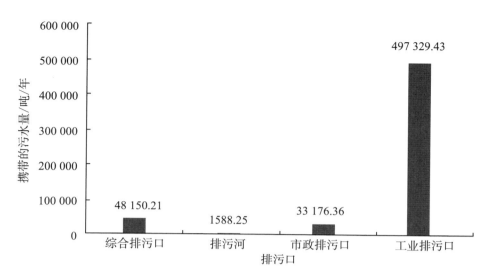

图1.16 不同类型排污口携带的污水量

（二）入海排污口携带的污染物

浙江省排污口携带入海的污染物总量为63 926.52吨/年。其中，化学需氧量的入海量为40 523.6250吨/年，总氮的入海量为18 257.0681吨/年，氨氮的入海量为3364.9689吨/年，生化需氧量的入海量为882.8059吨/年，总磷的入海量为677.4497吨/年，石油类的入海量为217.2564吨/年。相关数据可见图1.17。

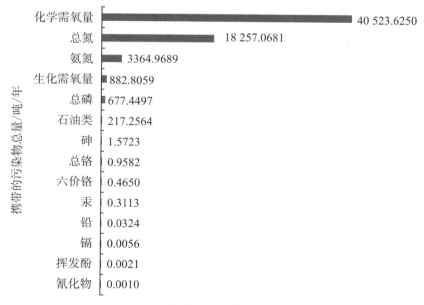

图1.17 入海排污口携带的污染物总量

从排污口类型上看，浙江省综合排污口携带入海的污染物总量为
45 371.31吨/年，市政排污口携带入海的污染物总量为13 591.26吨/年，工业
排污口携带入海的污染物总量为4114.77吨/年，排污河携带入海的污染物总
量为817.95吨/年。相关数据可见图1.18。

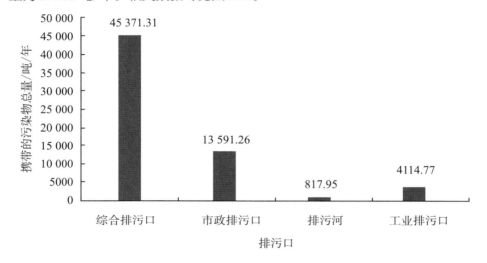

图1.18　不同类型排污口携带的污染物总量

在市政排污口中，化学需氧量的入海量为8298.72吨/年，总氮的入海量为
3745.76吨/年，氨氮的入海量为1003.40吨/年，总磷的入海量为286.83吨/年，
生化需氧量的入海量为254.26吨/年，另外还携带了少量的石油类、砷、总
铬、铅、镉和汞。

排污河携带的污染物种类较少，且含量偏低。具体而言，排污河只携带
了化学需氧量、氨氮和总磷3种污染物。其中，化学需氧量的入海量为639.60
吨/年，氨氮的入海量为172.10吨/年，总磷的入海量为6.25吨/年。

在综合排污口中，化学需氧量的入海量为31 030.45吨/年，总氮的入海
量为11 283.54吨/年，氨氮的入海量为2034.86吨/年，生化需氧量的入海量
为623.49吨/年，石油类的入海量为211.96吨/年，总磷的入海量为183.92吨/年，
另外还携带了少量的砷、总铬、六价铬、铅、氰化物、汞和镉，相关数据可
见表1.3。

表1.3 不同类型排污口携带的污染物总量

单位：吨/年

排污口		工业排污口	市政排污口	排污河	综合排污口
污染物	化学需氧量	554.86	8298.72	639.60	31 030.45
	氨氮	154.61	1003.40	172.10	2034.86
	石油类	3.21	2.09	—	211.96
	挥发酚	0.0021	—	—	—
	生化需氧量	5.05	254.26	—	623.49
	总磷	200.44	286.83	6.25	183.92
	总氮	3227.76	3745.76	—	11 283.54
	氰化物	—	—	—	0.001
	砷	0.02	0.07	—	1.49
	总铬	0.01	0.04	—	0.90
	六价铬	—	—	—	0.47
	铅	0.0003	0.03	—	0.005
	镉	—	0.005	—	0.0002
	汞	0.03	0.05	—	0.23

在宁波市排污口携带的污染物中，化学需氧量的入海量为1272.55吨/年，氨氮的入海量为444.29吨/年，总磷的入海量为61.91吨/年，另外还携带了少量的生化需氧量、总氮、氰化物等，没有携带石油类、挥发酚、砷和六价铬。

在温州市排污口携带的污染物中，总氮的入海量为4041.25吨/年，化学需氧量的入海量为2037.09吨/年，生化需氧量、总磷和氨氮的入海量分别为220.30吨/年、198.24吨/年、125.77吨/年，另外还携带了少量的石油类、砷等。

在嘉兴市排污口携带的污染物中，化学需氧量的入海量为453.88吨/年，总氮和生化需氧量的入海量分别为39.09吨/年、38.85吨/年，另外还携带了少量的总磷、氨氮、铅、镉和汞。

在绍兴市排污口携带的污染物中，化学需氧量的入海量为30 384.79吨/年，总氮的入海量为11 169.05吨/年，氨氮和生化需氧量的入海量分别为1801.66吨/年、623.40吨/年，另外还携带了少量的石油类、总磷、砷、总铬、六价

铬和汞。

在舟山市排污口携带的污染物中，化学需氧量的入海量为971.72吨/年，总氮的入海量为272.68吨/年，氨氮和总磷的入海量分别为82.24吨/年、19.64吨/年，另外还携带了少量的石油类和挥发酚。

在台州市排污口携带的污染物中，化学需氧量的入海量为5380.20吨/年，总氮的入海量为2730.77吨/年，氨氮的入海量为903.51吨/年，总磷的入海量为225.88吨/年，另外还携带了少量的石油类。相关数据见表1.4。

表1.4 各市排污口携带的污染物总量

单位：吨/年

地　市		宁波市	温州市	嘉兴市	绍兴市	舟山市	台州市
污染物	化学需氧量	1272.55	2037.09	453.88	30 384.79	971.72	5380.20
	氨氮	444.29	125.77	3.92	1801.66	82.24	903.51
	石油类	—	1.97	—	211.96	2.67	0.56
	挥发酚	—	—	—	—	0.002	—
	生化需氧量	0.26	220.30	38.85	623.40	—	—
	总磷	61.91	198.24	5.13	166.32	19.64	225.88
	总氮	0.23	4041.25	39.09	11 169.05	272.85	2730.77
	氰化物	0.001	—	—	—	—	—
	砷	—	0.09	—	1.49	—	—
	总铬	0.0005	0.05	—	0.90	—	—
	六价铬	—	—	—	0.47	—	—
	铅	0.005	0.02	0.01	—	—	—
	镉	0.0002	0.002	0.004	—	—	—
	汞	0.0001	0.08	0.001	0.23	—	—

第三节｜入海污染物综合分析

本节从入海污染物的分布和构成对浙江省和浙江省各市的入海污染物进行分析，明确浙江省主要入海污染物的基本类型。

一、入海污染物的分布

浙江省入海污染物总量为136 165.42吨/年。其中，绍兴市入海污染物总量为50 490.17吨/年，台州市入海污染物总量为38 212.93吨/年，宁波市入海污染物总量为26 402.87吨/年，嘉兴市入海污染物总量为13 054.24吨/年，温州市和舟山市入海污染物总量分别为6624.86吨/年、1380.34吨/年。

二、入海污染物的构成

本部分从浙江省整体和分地区2个角度切入分析排放入海的污染物构成情况。

（一）入海污染物构成的整体分析

从排放的污染物构成来看，化学需氧量的入海量为86 629.9256吨/年，总氮的入海量为36 465.5120吨/年，氨氮的入海量为5521.4412吨/年，生化需氧量的入海量为4422.2219吨/年，总磷的入海量为2518.7687吨/年，石油类的入海量为539.2536吨/年。具体见图1.19。

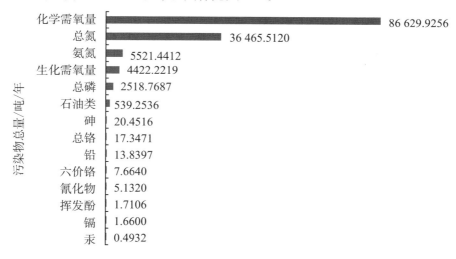

图1.19 入海污染物总量

（二）各市入海污染物构成分析

从各市入海污染物的构成来看，各市表现的特征差异较大。宁波市、嘉兴市、绍兴市和台州市均是化学需氧量的入海量最多，其中绍兴市和台州市则是化学需氧量和总氮的入海量分别为第一和第二，相关数据可见表1.5。

表1.5　各市入海污染物总量

单位：吨/年

地　市		宁波市	温州市	嘉兴市	绍兴市	舟山市	台州市
污 染 物	化学需氧量	21 786.61	2037.09	9336.02	34 528.79	995.12	17 946.30
	氨氮	1081.79	125.77	402.60	1869.74	85.81	1955.73
	石油类	37.98	1.97	34.04	214.92	2.77	247.58
	挥发酚	0.23	—	—	0.21	0.002	1.26
	生化需氧量	602.29	220.30	1767.42	1481.80	—	350.41
	总磷	335.62	198.24	88.10	189.12	19.97	1687.73
	总氮	2556.43	4041.25	1426.05	12 199.13	276.68	15 965.97
	氰化物	—	—	—	1.18	—	3.95
	砷	1.85	0.09	—	1.84	—	16.67
	总铬	0.0005	0.05	—	0.90	—	16.39
	六价铬	—	—	—	1.65	—	6.02
	铅	0.04	0.02	0.01	0.59	—	13.18
	镉	0.012	0.002	0.004	0.06	—	1.58
	汞	0.006	0.08	0.001	0.24	—	0.16

在宁波市携带的入海污染物中，化学需氧量的入海量为21 786.61吨/年，总氮和氨氮的入海量分别为2556.43吨/年、1081.79吨/年，生化需氧量和总磷的入海量分别为602.29吨/年、335.62吨/年，石油类的入海量为37.98吨/年，砷的入海量为1.85吨/年，另外还携带了少量的挥发酚、铅、镉、汞和总铬。

在嘉兴市携带的入海污染物中，化学需氧量的入海量为9336.02吨/年，生化需氧量和总氮的入海量分别为1767.42吨/年、1426.05吨/年，氨氮的入海量为402.60吨/年，总磷、石油类的入海量分别为88.10吨/年、34.04吨/年，另外还携带了少量的铅、镉、汞。

在绍兴市携带的入海污染物中，化学需氧量和总氮的入海量分别为34 528.79吨/年、12 199.13吨/年，氨氮和生化需氧量的入海量分别为1869.74吨/年、1481.80吨/年，石油类和总磷的入海量分别是214.92吨/年、189.12吨/年，砷和六价铬的入海量分别为1.84吨/年、1.65吨/年，另外还携带了少量的氰化物、总铬、铅、汞、挥发酚和镉。

在台州市携带的入海污染物中，化学需氧量和总氮的入海量分别为 17 946.30吨/年、15 965.97吨/年，氨氮和总磷的入海量分别为1955.73吨/年、1687.73吨/年，生化需氧量和石油类的入海量分别为350.41吨/年、247.58吨/年，砷和总铬的入海量分别为16.67吨/年、16.39吨/年，铅和六价铬的入海量分别为13.18吨/年、6.02吨/年，另外还携带了少量的氰化物、镉、挥发酚和汞。

第四节 │ 存在的问题与建议

根据上述分析结果，浙江省及各市入海河流和入海排污口排污方式均存在较大的问题，这无疑将会对浙江省海洋节能减排效果造成一定影响。本节将从分析结果中简单概述存在的问题，并针对问题提出若干建议。

一、存在的问题

由上述分析结果可知，浙江省在节能减排方面存在以下问题：

一是入海河流和入海排污口携带了大量的有机污染物。由前文分析可知，浙江省的27条入海河流共携带污染物约72 238.90吨/年；其中，化学需氧量、总氮和生化需氧量的含量较高。同时，浙江省每年通过陆源入海排污口排放的污染物总量达63 926.52吨/年，其中化学需氧量和总氮是污染物的主要组成部分。这些有机污染物的沉淀会促使水体富营养化，导致污水生物大量生长，破坏海洋生态系统的平衡，对人体健康造成极大威胁。

二是浙江省部分企业在生产中采用新技术的意愿不足。无论是对于废旧垃圾的处理，还是推行清洁生产，企业都需要拥有资金或技术储备。受企业经济条件的限制，部分中小企业规模较小，其中一些经营利润低的小型公司因负担不起采用新污水处理设备的成本，于是将未达标的工业污水直接排入海洋、河流或入海排污口。这些污水中携带了大量的有机污染物和重金属，对海洋生态造成了严重的破坏。

三是结构性污染问题仍然较突出。目前浙江省海洋经济赖以发展的优势

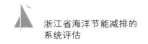
传统产业，大部分仍处于产业链低端，结构性污染明显。水产品加工、修造船等行业仍是浙江省沿海城市的主要产业，这些行业排污口的污染物携带量较大，对环境造成严重污染，对周边传统产业的辐射效应也明显不够，产业转型升级仍面临挑战。

四是环境治理与监管能力不足。浙江省沿海城市污水收集管网和污水处理设施仍不够完善，污泥处置能力和危废处置能力尚不足，甚至部分县仅有1个市政污水处理厂，其他有居民的海岛的生活污水均直排入海，对海域生态环境造成一定影响。面对浙江省工业污染源点多面广的现实，现有环保执法监管能力不足，基层和海岛的执法监管能力更为单薄。环保的执法手段、装备、队伍力量、科技支撑保障等不能适应环境监管的需要。

二、若干建议

根据数据分析结果，我们认为，浙江省在节能减排方面，应重点开展以下几个方面的工作。

一是加强近岸海域陆源污染物防治。保护近岸海域环境的关键是保护陆地生态环境，一方面政府可以严格控制入海污染物，尤其是入海河流携带的总氮和总磷等污染物，逐步改善入海水系水质；另一方面要加强浙江省产业结构转型升级，逐步淘汰高耗能、高污染的行业，加强对清洁能源的利用、研究、开发与建设，大力发展高效低耗海洋新兴产业，构建新型的现代海洋产业体系。

二是对入海河流进行规范化整治。针对入海河流排污量大、水质不容乐观的问题，建议浙江省政府从以下2个方面对入海河流进行整治：一是强化责任落实，按照《关于全面推行河长制的意见》（厅字〔2016〕42号）要求，请各级党政负责人担任"河长"，负责相应入海河流的管理和保护工作，把入海河流水质达标任务具体落实到个人。二是坚持问题导向，按照"一河一策"制定方案，全面排查每一条入海河流，认真分析其水质状况，针对不同河流存在的不同问题，提出针对性治理意见。

三是完善财政税收激励政策。加大对节能减排工作的资金支持力度，统筹安排相关专项资金，支持节能减排重点工程、能力建设和公益宣传。创新财政资金支持节能减排重点工程、项目的方式，发挥财政资金的杠杆作用。推广节能环保服务政府采购，推行政府绿色采购，完善节能环保产品政府强制采购和优先采购制度。

四是严格把控入海排污口的设置。针对目前浙江省入海排污口存在的不规范现象，环保部门可以要求排污单位申报登记排污口数量、位置及所排放的主要污染物或产生的公害的种类、数量、浓度、排放去向等情况。此外，排污口设置应符合"一明显、二合理、三便于"的要求，即环保标志明显；排污口设置合理，排污去向合理；便于采集样品，便于监测计算，便于公众参与监督管理。

五是强化基础设施建设和环境综合治理。进一步加强污水收集、处理设施建设，提高污水厂排放标准，优化排污口设置，减少化学需氧量和总氮等营养物质入海。加强城市污水处理厂建设，扩大截污区域，实行城市污水集中处理。

第二章
浙江省海洋节能减排
概况：地区视角

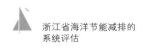
在从省级视角分析浙江省海洋节能减排基本情况的基础上，本章从宁波、温州、嘉兴、绍兴、舟山、台州6个沿海城市切入，进一步详细分析浙江省各市海洋节能减排的情况，以便对浙江省陆源入海污染源的分布和主要污染物的排海情况有更好的了解。

第一节 | 宁波市节能减排概况

本节以宁波市海洋节能减排的相关数据为基础，进一步分析宁波市入海河流分布、入海河流水质、入海排污口分布、排污口排污状况及入海污染物基本类型等基本情况。

一、入海河流分布及水质状况

针对入海河流的基本情况，本节主要从入海河流的地区分布、流域面积分布和设闸情况3个方面加以分析，而关于水质状况，本节主要对入海河流携带的污染物进行检测，分析宁波市入海河流水质的相关问题。

（一）入海河流的基本情况

从整体上看，宁波市有15条入海河流。其中，北仑区有1条，奉化市有2条，宁海县有5条，象山县有2条，鄞州区有1条，余姚市有2条，镇海区有2条。

（二）入海河流流域面积

从流域面积来看，宁波市有6条入海河流的流域面积在50—100（不含100）平方千米范围内，7条入海河流的流域面积在100—1000（不含1000）平方千米范围内，其余1条入海河流的流域面积在1000—10 000（不含10 000）平方千米范围内，1条入海河流的流域面积超过10 000平方千米。相关数据可见图2.1。

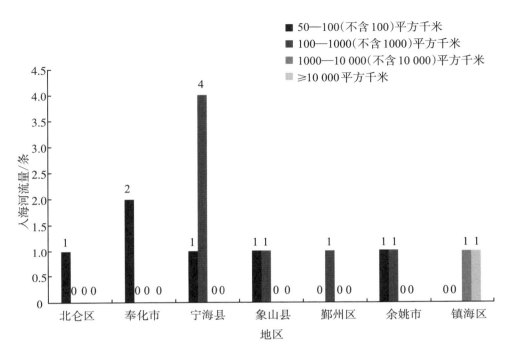

图2.1 各地区不同流域面积入海河流的分布情况

分地区来看，在50—100（不含100）平方千米的流域范围内，奉化市入海河流数量最多，为2条，其次是北仑区、宁海县、象山县和余姚市，均为1条，而鄞州区和镇海区尚无此范围内的入海河流；在100—1000（不含1000）平方千米的流域范围内，宁海县入海河流数最多，为4条，其次是象山县、鄞州区和余姚市，均为1条，而其他地区尚无此范围内的入海河流；在1000—10 000（不含10 000）平方千米和超过10 000平方千米的流域范围内，镇海区分别有1条入海河流，其他地区暂无。

（三）入海河流的设闸情况

宁波市有5条河流在入海口处设闸。其中，奉化市和象山县分别有2条，占比均为40.00％；鄞州区有1条，占比为20.00％；其他地区的入海河流尚未设闸。相关数据可见图2.2。

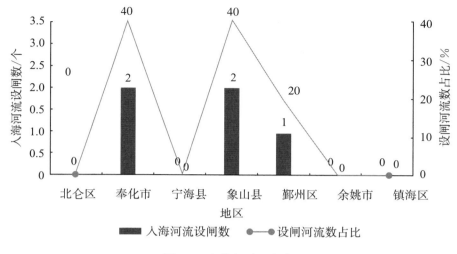

图2.2 入海河流设闸数

（四）入海河流的水质情况

根据入海河流水质监测情况，参照《地表水环境质量标准》（GB 3838—2002），对宁波市入海河流水质情况进行评价（见表2.1）。结果显示，石油类、砷、铅、镉、汞均符合第一类地表水水质标准，总氮均符合劣五类地表水水质标准，氨氮均符合第四类地表水水质标准，挥发酚均符合第三类地表水水质标准，生化需氧量均符合第五类地表水水质标准。化学需氧量和总磷的地表水水质标准分布如下：

化学需氧量符合第一、二类地表水水质标准的入海河流占57.14％，符合第三类地表水水质标准的入海河流占14.29％，符合第四类地表水水质标准的入海河流占14.29％，符合劣五类地表水水质标准的入海河流占14.29％。

总磷符合第二类地表水水质标准的入海河流占57.14％，符合第三类地表水水质标准的入海河流占14.29％，符合劣五类地表水水质标准的入海河流占28.57％。

表2.1 水质状况分类评估情况表

入海河流名称	化学需氧量	氨氮	石油类	挥发酚	生化需氧量	总磷	总氮	氰化物	砷	六价铬	铅	镉	汞
甬江	四类	四类	一、二、三类	—	—	劣五类	—	—	一、二、三类	—	—	—	—

续　表

入海河流名称	化学需氧量	氨氮	石油类	挥发酚	生化需氧量	总磷	总氮	氰化物	砷	六价铬	铅	镉	汞
陶家路江	—	—	—	—	—	—	—	—	—	—	—	—	—
凫溪	一、二类	—	一、二、三类	—	—	三类	劣五类	—	一、二、三类	—	一、二类	一类	一、二类
红胜海塘2号闸T	三类	—	一、二、三类	—	—	劣五类	劣五类	—	一、二、三类	—	一、二类	—	一、二类
颜公河	一、二类	—	一、二、三类	三类	五类	二类	劣五类	—	一、二、三类	—	—	—	一、二类
中堡溪(胡陈港大闸)	—	—	—	—	—	—	—	—	—	—	—	—	—
白溪	—	—	—	—	—	—	—	—	—	—	—	—	—
小峡江(浃水大闸)	—	—	—	—	—	—	—	—	—	—	—	—	—
红胜海塘1号闸T(降渚溪)	一、二类	—	一、二、三类	—	—	二类	劣五类	—	一、二、三类	—	—	—	一、二类
茶院溪(毛屿港大闸)	—	—	—	—	—	—	—	—	—	—	—	—	—
大塘港水库(胜利闸)	—	—	—	—	—	—	—	—	—	—	—	—	—
大嵩江	一、二类	—	一、二、三类	—	—	二类	劣五类	—	一、二、三类	—	一、二类	—	一、二类
邻浦江	—	—	—	—	—	—	—	—	—	—	—	—	—
淡港河(淡港闸)	劣五类	—	一、二、三类	—	—	二类	劣五类	—	一、二、三类	—	一、二类	—	一、二类
钱塘江	—	—	—	—	—	—	—	—	—	—	—	—	—

（五）入海河流携带的污染物分析

宁波市河流携带的污染物入海量为24 623.63吨/年（见图2.3）。其中，化学需氧量的入海量为20 514.06吨/年，总氮的入海量为2556.20吨/年，氨氮和生化需氧量的入海量分别为637.50吨/年和602.04吨/年，总磷的入海量为

273.71吨/年，石油类的入海量为37.98吨/年，另外还携带少量的砷、挥发酚、铅、镉和汞。

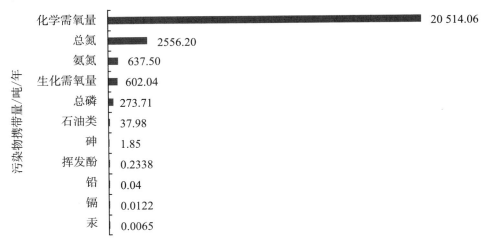

图2.3　入海河流污染物携带量

二、入海排污口分布及排污状况

关于宁波市入海排污口的分布及排污状况，本部分主要从入海排污口分布与类型、入海排污口排污方式、排污口入海方式、入海排污口携带污染物4个方面进行分析。

（一）入海排污口分布与排污状况

宁波市有80个陆源入海排污口。其中，北仑区入海排污口的数量最多（23个），占比高达28.75%；其次是象山县和鄞州区，分别有18个和14个；入海排污口数量较少的是余姚市和慈溪市，分别只有2个和1个。相关数据可见图2.4。

从入海排污口类型上看，工业排污口和排污河最多，分别有29个和26条，占比均在30.00%以上；市政排污口和综合排污口次之，分别有13个和12个，占比分别为16.25%和15.00%。总体而言，宁波市入海排污口以工业排污口和排污河为主。相关数据可见图2.5。

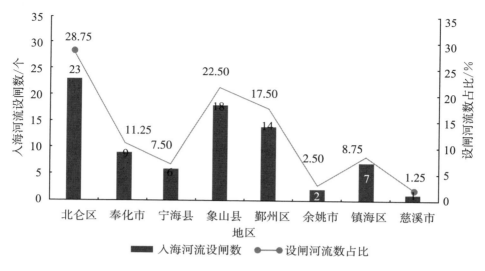

图2.4　各市入海排污口的数量分布

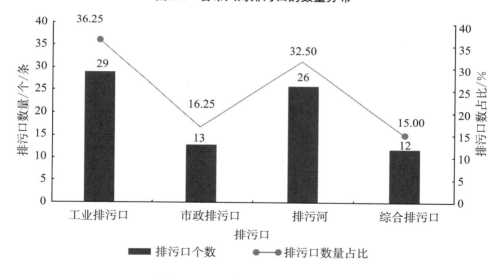

图2.5　不同类型入海排污口分布

　　从各地区入海排污口的类型分布来看，宁波市各地区间存在显著的差别。北仑区以工业排污口为主，宁海县和象山县以排污河为主，鄞州区则都是综合排污口。相关数据可见图2.6。

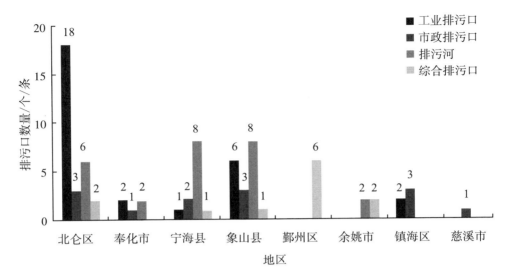

图2.6　各地区不同类型入海排污口分布

具体而言，在工业排污口中，北仑区最多，有18个，象山县次之，有6个，奉化市、宁海县和镇海区较少，分别有2个、1个、2个。在市政排污口中，北仑区、象山县和镇海区较多，均有3个；其次是宁海县，有2个；奉化市和慈溪市较少，均仅有1个。在排污河中，宁海县和象山县最多，均为8条；其次是北仑区，有6条；余姚市和奉化市则较少（均为2个）。在综合排污口中，鄞州区最多，有6个，北仑区、宁海县、象山县和余姚市相对较少，分别有2个、1个、1个、2个。

（二）排污口的主要排污方式和入海方式分析

在宁波市80个陆源入海排污口中，53个排污口的排污方式为连续性排放，占比高达66.25%；26个排污口的排污方式为间歇性排放，占总量的32.50%；1个排污口的排污方式为季节性排放。显然，连续性排放是宁波市入海排污口最主要的排污方式。相关数据可见图2.7。

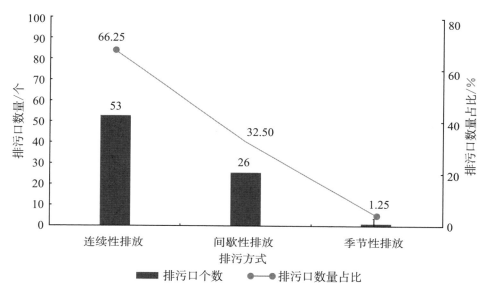

图2.7 入海排污口排污方式的整体情况

分地区来看,入海排污口排污方式的地区差异较为明显。其中,北仑区、奉化市、宁海县、象山县、余姚市和慈溪市入海排污口的排污方式以连续性排放为主,鄞州区入海排污口的排污方式则以间歇性排放为主。相关数据可见图2.8。

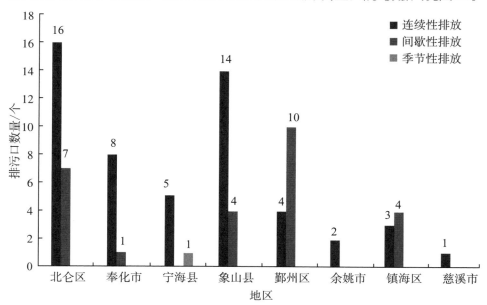

图2.8 各地区排污口的主要排污方式

具体而言，在连续性排放方式中，北仑区和象山县的排污口最多，分别有16个和14个；奉化市次之，有8个；宁海县、鄞州区、余姚市、镇海区和慈溪市较少，分别有5个、4个、2个、3个和1个。在间歇性排放方式中，鄞州区的排污口最多，有10个；北仑区次之，有7个；奉化市、象山县和镇海区较少，分别有1个、4个和4个。在季节性排放方式中，仅宁海县有1个排污口，其他地区暂无。

从入海排污口类型来看，宁波市的工业排污口、市政排污口和排污河以连续性排放为主，而综合排污口以间歇性排放为主。相关数据可见图2.9。

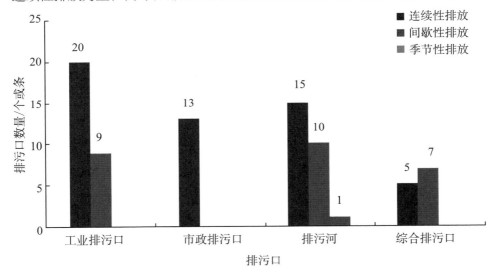

图2.9 不同类型排污口的主要排污方式

具体而言，在连续性排放方式中，工业排污口最多，有20个；市政排污口和排污河次之，分别有13个和15条；综合排污口最少，仅有5个。在间歇性排放方式中，排污河和工业排污口最多，分别有10条和9个；综合排污口次之，有7个。在季节性排放方式中，仅有1条排污河，其他类型排污口暂无。

在宁波市80个陆源入海排污口中，通过明渠和其他方式入海的排污口最多，分别有29个和22个；其次是通过明管方式入海的排污口，有16个；通过暗管和暗渠方式入海的排污口最少，分别有7个和6个。相关数据可见图2.10。

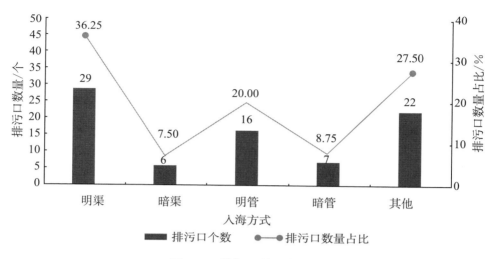

图2.10 排污口的入海方式

总体上看，各地区排污口入海方式存在显著差异。其中，北仑区排污口以明管和其他入海方式为主，象山县排污口以暗渠入海方式为主，奉化市、宁海县和鄞州区排污口以明渠入海方式为主。相关数据可见图2.11。

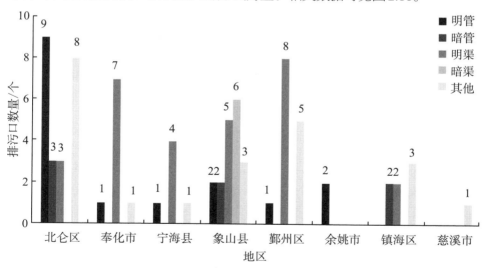

图2.11 各地区排污口的入海方式

具体而言，在明管入海方式中，北仑区最多，有9个；象山县和余姚市次之，均有2个；奉化市、宁海县和鄞州区较少，均为1个。在暗管入海方式中，仅北仑区、象山县和镇海区分别有3个、2个和2个，其他地区暂无。在明渠入海方式中，奉化市和鄞州区最多，分别有7个和8个；宁海县和象山县次之，分别有4个和5个；北仑区和镇海区较少，分别有3个和2个。在暗渠入海方式中，仅象山县有6个，其他地区暂无。在其他入海方式中，北仑区最多，有8个；鄞州区次之，有5个；象山县、镇海区、奉化市、宁海县和慈溪市较少，分别有3个、3个、1个、1个和1个。

从排污口的类型来看，工业排污口以明管方式入海为主，市政排污口和综合排污口均以其他方式入海为主，而排污河则以明渠方式入海为主。相关数据可见图2.12。

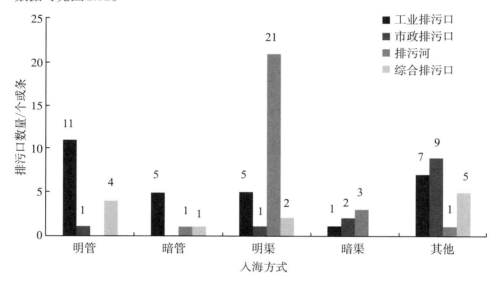

图2.12　不同类型排污口的入海方式

具体而言，在工业排污口中，通过明管方式入海的最多，有11个；通过其他方式入海的次之，有7个；通过暗管、明渠和暗渠方式入海的较少，分别有5个、5个和1个。在市政排污口中，通过其他方式入海的最多，有9个；通过暗渠、明渠和明管方式入海的较少，分别有2个、1个和1个。在排污河中，通过明渠方式入海的最多，高达21条，远远超过暗渠、暗管和其他入海方式。在综合排污口中，通过其他和明管方式入海的排污口最多，分别有5个和4个；通过明渠和暗管方式入海的较少，分别有2个和1个。

宁波市有80个排污口。其中，71个是非深海排放，9个是深海排放，说明宁波市的排污口以非深海排放为主。

　　分地区来看，北仑区、镇海区和慈溪市分别有7个、1个和1个排污口通过深海方式排放，其他地区的排污口均通过非深海方式排放。相关数据可见图2.13。

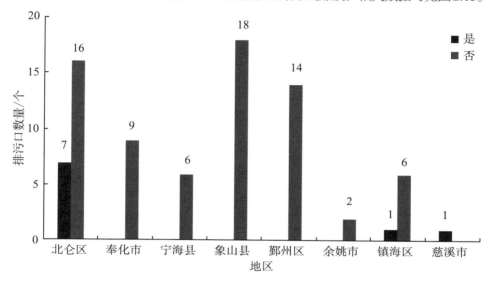

图2.13　排污口深海排放的地区分布

　　从入海排污口的类型来看，宁波市不同类型的排污口均倾向于非深海排放。相关数据可见图2.14。

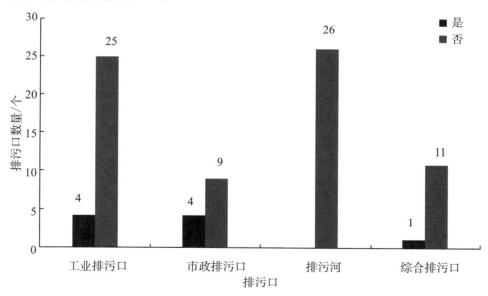

图2.14　不同类型排污口深海排放

（三）入海排污口携带的污水及污染物情况

宁波市共有80个入海排污口，污水入海总量为195 975.74吨/年。分地区来看，宁海县污水入海量最多，达180 008.25吨/年，占宁波市入海排污口携带污水总量的91.85％；北仑区污水入海量次之，为12 308.40吨/年，占比6.28％；象山县污水入海量相对较少，为3596.77吨/年；奉化市、鄞州区、余姚市和镇海区的污水入海量较少，分别为46.92吨/年、2.8吨/年、12.5吨/年和0.11吨/年。相关数据可见图2.15。

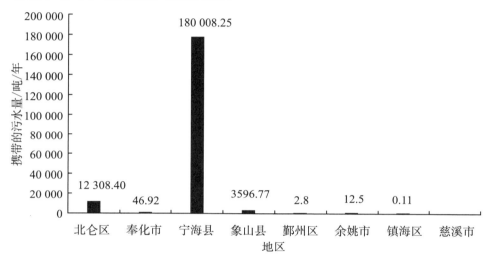

图2.15　各地区排污口携带的污水量

从排污口类型来看，污水入海量最多的是工业排污口，高达184 910.19吨/年，占宁波市入海排污口携带污水总量的94.35％；其次是市政排污口，占比4.08％；综合排污口和排污河污水入海量最少，仅分别占0.80％，0.86％。相关数据可见图2.16。

宁波市排污口携带入海的污染物总量为1779.24吨/年。其中，化学需氧量的入海量为1272.55吨/年，氨氮的入海量为444.29吨/年，总磷的入海量为61.91吨/年，另外还携带少量的生化需氧量、总氮、铅、氰化物、总铬、镉和汞。相关数据可见图2.17。

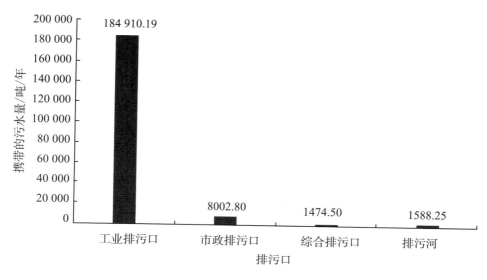

图2.16 不同类型排污口携带的污水量

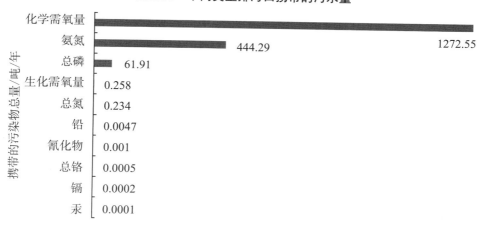

图2.17 入海排污口携带的污染物总量

从排污口类型上看,宁波市综合排污口携带入海的污染物为826.03吨/年,排污河携带入海的污染物为817.95吨/年,工业排污口携带入海的污染物为131.81吨/年,市政排污口携带入海的污染物为3.44吨/年。

在工业排污口中,化学需氧量、氨氮和总磷的入海量分别为50.82吨/年、42.32吨/年和38.67吨/年,暂无其他污染物。在市政排污口中,化学需氧量、生化需氧量、总氮的入海量分别为2.94吨/年、0.26吨/年和0.23吨/年,另外还有微量的氨氮和总磷。在排污河中,化学需氧量、氨氮和总磷的入海

量分别为639.60吨/年、172.10吨/年和6.25吨/年，暂无其他污染物。在综合
排污口中，化学需氧量、氨氮和总磷的入海量分别为579.19吨/年、229.89
吨/年和16.98吨/年，另外还有少量的氰化物、总铬、铅、镉和汞。相关数据
可见表2.2。

表2.2　不同类型排污口携带的污染物总量

单位：吨/年

污染物类别	工业排污口	市政排污口	排污河	综合排污口
化学需氧量	50.82	2.94	639.60	579.19
氨氮	42.32	0.01	172.10	229.89
石油类	—	—	—	—
挥发酚	—	—	—	—
生化需氧量	—	0.26	—	—
总磷	38.67	0.002	6.25	16.98
总氮	—	0.23	—	—
氰化物	—	—	—	0.001
砷	—	—	—	—
总铬	—	—	—	0.0005
六价铬	—	—	—	—
铅	—	—	—	0.0047
镉	—	—	—	0.0002
汞	—	—	—	0.0001

三、入海污染物综合分析

本部分从入海污染物的构成和主要入海污染物的分布对宁波市入海污染
物进行分析，了解宁波市主要入海污染物的基本类型。

（一）入海污染物的构成

宁波市入海污染物总量为26 402.87吨/年。从污染物构成来看（见
图2.18），化学需氧量的入海量为21 786.61吨/年，总氮的入海量为2556.43
吨/年，氨氮的入海量为1081.79吨/年，生化需氧量的入海量为602.29吨/年，
总磷的入海量为335.62吨/年，石油类的入海量为37.98吨/年，另外还有少量
的砷、挥发酚、铅、镉、汞、氰化物和总铬。相关数据可见图2.18。

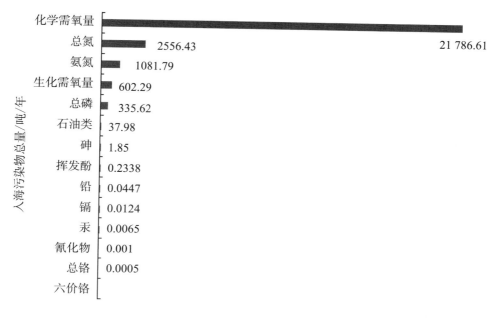

图2.18 入海污染物总量

（二）主要入海污染物的分布

化学需氧量的入海总量为21 786.61吨/年。其中：入海河流的排放量为20 514.06吨/年，占化学需氧量入海总量的94.16%；陆源入海排污口的排放量为1272.55吨/年，仅占比5.84%，说明化学需氧量主要通过入海河流进海。

总氮的入海总量为2556.43吨/年。其中：入海河流的排放量为2556.20吨/年，占总氮入海总量的99.99%；陆源入海排污口的排放量为0.23吨/年，占比不足0.01%，说明总氮主要通过入海河流进海。

氨氮的入海总量为1081.79吨/年。其中：入海河流的排放量为637.50吨/年，占氨氮入海总量的58.93%；陆源入海排污口的排放量为444.29吨/年，占氨氮入海总量的41.07%，说明氨氮主要通过这两种方式入海。具体分布情况见表2.3。

表2.3　不同入海污染物分布情况

单位：吨/年

污染物类别	入海河流	陆源入海排污口	总　计
化学需氧量	20 514.06	1272.55	21 786.61
氨氮	637.50	444.29	1081.79
石油类	37.98	—	37.98
挥发酚	0.2338	—	0.2338
生化需氧量	602.04	0.258	602.29
总磷	273.71	61.91	335.62
总氮	2556.20	0.234	2556.43
氰化物	—	0.001	0.001
砷	1.851	—	1.85
总铬	—	0.0005	0.0005
六价铬	—	—	—
铅	0.04	0.0047	0.0447
镉	0.0122	0.0002	0.0124
汞	0.0065	0.0001	0.0065

第二节 ｜ 温州市节能减排概况

本节以温州市海洋节能减排的相关数据为基础，进一步分析温州市入海排污口分布与基本类型、排污口主要排污方式和入海方式及排污口深海排放等基本情况。

一、入海排污口分布情况

温州市有21个陆源入海排污口。其中，平阳县入海排污口的数量最多（11个），占比为52.38％；其次是苍南县，有9个，占比为42.86％；入海排污口数量最少的是瑞安市，只有1个。相关数据可见图2.19。

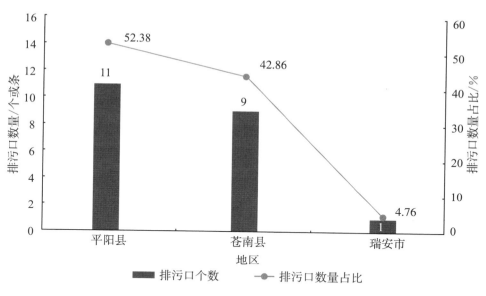

图2.19　各市入海排污口的数量分布

从入海排污口类型上看，市政排污口最多，有11个，占比高达52.38％；工业排污口和综合排污口次之，分别有5个和4个，占比均在20％左右；排污河相对较少，仅有1条。总体而言，温州市入海排污口以市政排污口为主。相关数据可见图2.20。

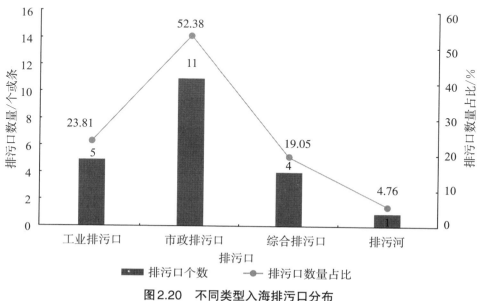

图2.20　不同类型入海排污口分布

从各地区入海排污口的类型分布来看，温州市地区间存在显著的差别。苍南县以市政排污口为主，而平阳县以市政排污口和工业排污口为主。相关数据可见图2.21。

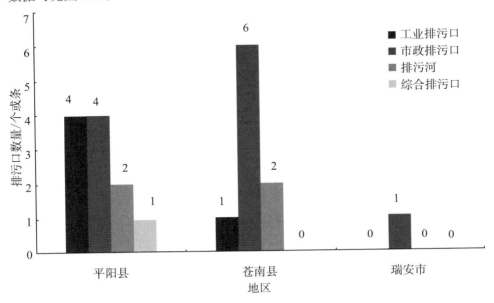

图2.21　各地区不同类型入海排污口分布

具体而言，在工业排污口中，平阳县最多，有4个；苍南县次之，有1个。在市政排污口中，苍南县较多，有6个；其次是平阳县，有4个；瑞安市较少，仅有1个。在排污河中，平阳县和苍南县均有2条。在综合排污口中，仅平阳县有1个。

二、排污口的主要排污方式和入海方式分析

针对入海排污口排污情况，本部分从入海排污口的排污方式、排污口入海方式及排污口深海排放情况3个方面入手，分析温州市入海排污口排污的基本情况。

（一）入海排污口的排污方式

在温州市21个陆源入海排污口中，14个排污口的排污方式为间歇性排放，占比高达66.67％；7个排污口的排污方式为连续性排放，占总量的33.33％。显然，间歇性排放是温州市入海排污口最主要的排污方式。相关数据可见图2.22。

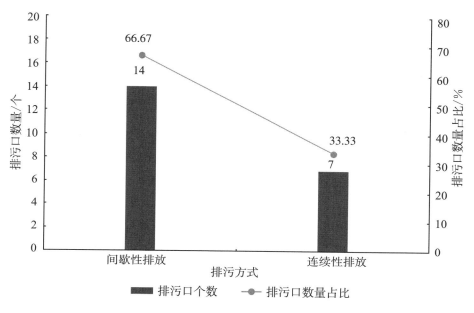

图2.22 入海排污口排污方式的整体情况

分地区来看，苍南县和平阳县的入海排污口的排污方式均以间歇性排放为主。相关数据可见图2.23。

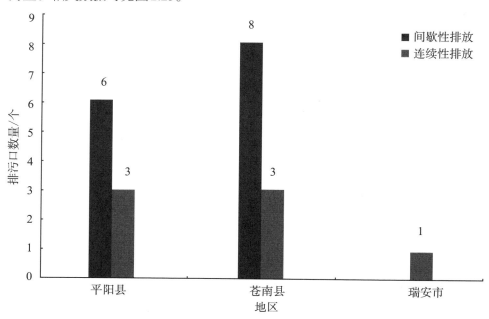

图2.23 各地区排污口的主要排污方式

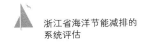
具体而言，在间歇性排放方式中，平阳县和苍南县的排污口较多，分别为6个和8个。在连续性排放方式中，苍南县和平阳县的排污口均为3个，而瑞安市仅有1个。

从入海排污口类型来看，温州市的工业排污口、市政排污口、综合排污口和排污河均以间歇性排放方式为主。相关数据可见图2.24。

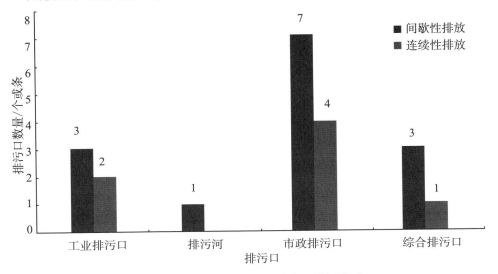

图2.24　不同类型排污口的主要排污方式

具体而言，在间歇性排放方式中，市政排污口最多，有7个；工业排污口和综合排污口次之，各有3个；排污河最少，仅有1条。在连续性排放方式中，市政排污口最多，有4个；工业排污口次之，有2个；综合排污口最少，仅有1个。

（二）排污口入海方式

在温州市21个陆源入海排污口中，通过暗管方式入海的排污口最多，有13个；其次是通过其他方式入海的排污口，有5个；通过明渠方式入海的排污口最少，仅有3个。相关数据可见图2.25。

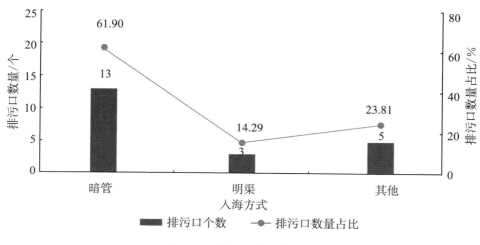

图2.25　排污口的入海方式

　　总体上看，苍南县和平阳县的排污口均以暗管方式入海为主，瑞安市的排污口以其他方式入海为主。相关数据可见图2.26。

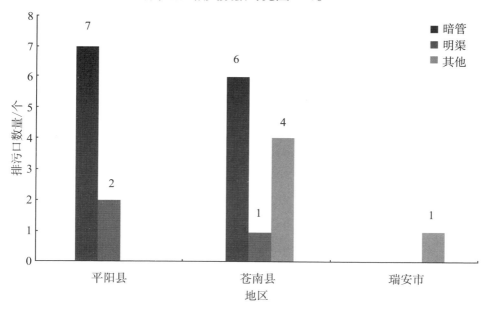

图2.26　各地区排污口的入海方式

　　具体而言，在暗管入海方式中，平阳县的排污口最多，有7个；苍南县次之，有6个。在明渠入海方式中，平阳县和苍南县的排污口分别有2个和1

个，其他地区暂无。在其他入海方式中，苍南县的排污口最多，有4个；瑞安市次之，有1个。

从排污口的类型来看，工业排污口和市政排污口均以暗管方式入海为主，综合排污口以明渠和其他方式入海为主，排污河则以明渠方式入海为主。相关数据可见图2.27。

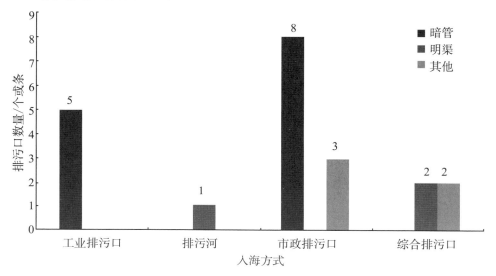

图2.27 不同类型排污口的入海方式

具体而言，在工业排污口中，5个均通过暗管方式入海。在市政排污口中，通过暗管方式入海的最多，有8个；通过其他方式入海的次之，有3个。排污河均是通过明渠方式入海。在综合排污口中，通过明渠和其他方式入海的排污口均为2个。

（三）排污口深海排放情况

温州市有21个排污口，其中19个是非深海排放，2个是深海排放，这说明温州市的排污口以非深海排放为主。

分地区来看，苍南县和瑞安市均各有1个排污口通过深海排放，其他排污口均通过非深海方式排放。相关数据可见图2.28。

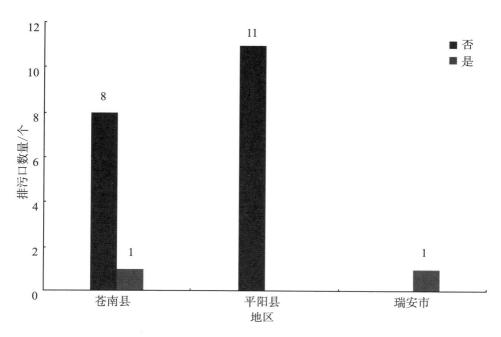

图2.28　排污口深海排放的地区分布

从入海排污口的类型来看，温州市不同类型的排污口均倾向于非深海排放。相关数据可见图2.29。

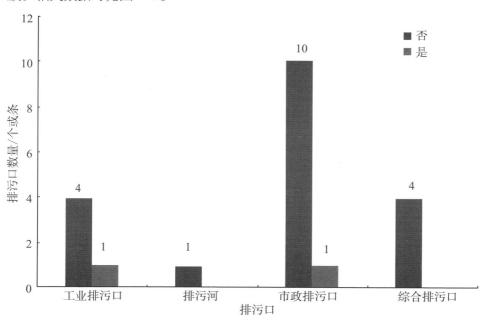

图2.29　不同类型排污口深海排

第三节｜嘉兴市节能减排概况

本节以嘉兴市海洋节能减排的相关数据为基础，进一步分析嘉兴市入海河流分布与水质状况、入海排污口分布、排污情况及入海污染物类型等基本情况。

一、入海河流分布及水质状况

针对入海河流的基本情况，本部分主要从入海河流的地区分布、流域面积分布2个方面分析；而关于水质状况，本部分主要对入海河流的污染物进行检测，分析嘉兴市入海河流水质的相关问题。

（一）入海河流的基本情况

整体上看，嘉兴市有3条入海河流。其中，海盐市有2条，平湖市有1条。相关数据可见图2.30。

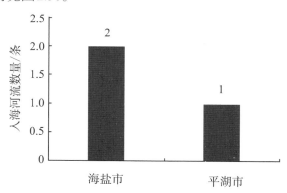

图2.30　各地区入海河流的分布情况

（二）入海河流流域面积

从流域面积来看，嘉兴市的3条入海河流的流域面积均在50—100平方千米范围内，且均在入海口处设闸。

（三）入海河流的水质情况

根据入海河流水质监测情况，参照《地表水环境质量标准》（GB 3838—

2002），本部分对嘉兴市入海河流水质情况进行评价（见表2.4）。结果显示，3条入海河流中的化学需氧量、石油类和总磷均符合第四类地表水水质标准。总氮均符合劣五类地表水水质标准。其中2条入海河流的氨氮符合第三类地表水水质标准，占66.67％；1条入海河流的氨氮符合第四类地表水水质标准，占33.33％。其中2条入海河流的生化需氧量符合第三类地表水水质标准，占66.67％；1条入海河流的生化需氧量符合劣五类地表水水质标准，占33.33％。

表2.4　水质状况分类评估情况表

污染物类别	海盐塘	黄姑塘	长山河
化学需氧量	四类	四类	四类
氨氮	三类	三类	四类
石油类	四类	四类	四类
挥发酚	—	—	—
生化需氧量	三类	劣五类	三类
总磷	四类	四类	四类
总氮	劣五类	劣五类	劣五类
氰化物	—	—	—
砷	—	—	—
六价铬	—	—	—
铅	—	—	—
镉	—	—	—
汞	—	—	—

（四）入海河流携带的污染物分析

嘉兴市入海河流携带的污染物入海量为12 513.35吨/年（见图2.31）。其中，化学需氧量的入海量为8882.14吨/年，生化需氧量的入海量为1728.57吨/年，总氮和氨氮的入海量分别为1386.96吨/年和398.67吨/年，总磷的入海量为82.97吨/年，另外还有少量的石油类。

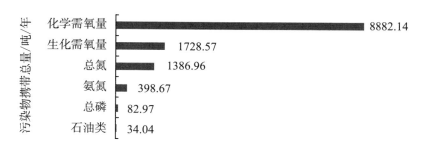

图2.31　入海河流污染物携带总量

二、入海排污口分布及排污状况

本部分对嘉兴市入海排污口分布及排污状况的分析，主要从入海排污口分布、入海排污口携带的污水及污染物2个方面进行分析。

（一）入海排污口分布基本情况

嘉兴市有3个陆源入海排污口，均位于平湖市，其中工业排污口有2个，市政排污口有1个。

从入海方式来看，2个工业排污口分别以明渠和其他方式入海，1个市政排污口是以暗管方式入海。

从污水排放方式来看，2个排污口的排污方式均为连续性排放，1个排污口的排污方式为间歇性排放。

从深海排放情况来看，2个排污口是非深海方式排放，1个排污口是深海方式排放。具体情况见表2.5。

表2.5　入海排污口分布基本情况

排污口类型	入海方式	污水排放方式	是否深海排放
市政排污口	暗管	连续性排放	否
工业排污口	明渠	间歇性排放	否
工业排污口	其他	连续性排放	是

（二）入海排污口携带的污水及污染物情况

嘉兴市3个入海排污口的污水入海总量为32 074.30吨/年。从排污口类型来看，污水入海量最多的是工业排污口，高达30 753.80吨/年，占嘉兴市入海排污口携带污水总量的95.88%,而市政排污口的污水入海量仅仅占4.12%(1320.50吨/年)。

嘉兴市排污口携带入海的污染物总量为540.90吨/年(见图2.32)。其中,化学需氧量的入海量为453.88吨/年,总氮的入海量为39.09吨/年,生化需氧量的入海量为38.85吨/年,另外还有少量的总磷、氨氮、铅、镉和汞。

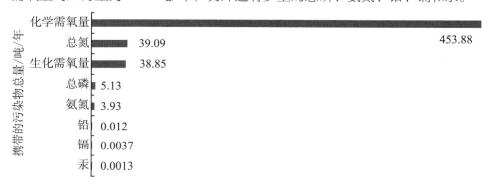

图2.32 入海排污口携带的污染物总量

从排污口类型上看,嘉兴市市政排污口携带入海的污染物为539.72吨/年,工业排污口携带入海的污染物为1.18吨/年。

在工业排污口中,化学需氧量的入海量为1.11吨/年,还携带少量的氨氮、总磷、总氮和铅。

在市政排污口中,化学需氧量、氨氮、生化需氧量、总磷和总氮的入海量分别为452.77吨/年、3.91吨/年、38.85吨/年、5.13吨/年和39.03吨/年,还有少量的铅、镉、汞,暂无其他污染物。具体见表2.6。

表2.6 不同类型排污口携带的污染物总量

单位:吨/年

污染物类别	工业排污口	市政排污口	排污河	综合排污口
化学需氧量	1.11	452.77	—	—
氨氮	0.0129	3.91	—	—
石油类	—	—	—	—
挥发酚	—	—	—	—
生化需氧量	—	38.85	—	—
总磷	0.0007	5.13	—	—

续　表

污染物类别	工业排污口	市政排污口	排污河	综合排污口
总氮	0.0579	39.03	—	—
氰化物	—	—	—	—
砷	—	—	—	—
总铬	—	—	—	—
六价铬	—	—	—	—
铅	0.0003	0.0117	—	—
镉	—	0.0037	—	—
汞	—	0.0013	—	—

三、入海污染物综合分析

本部分从入海污染物的构成和主要入海污染物的分布对嘉兴市入海污染物进行分析，了解嘉兴市主要入海污染物的基本类型。

（一）入海污染物的构成

嘉兴市入海污染物总量为13 054.25吨/年。从污染物构成来看（见图2.33），化学需氧量的入海量为9936.02吨/年，生化需氧量的入海量为1767.42吨/年，总氮的入海量为1426.05吨/年，氨氮、总磷和石油类的入海量分别为402.60吨/年、88.10吨/年、34.04吨/年，另外还有少量的铅、镉和汞。

图2.33　入海污染物总量

（二）主要入海污染物的分布

化学需氧量的入海总量为9336.02吨/年。其中，入海河流的排放量为

8882.14吨/年,占化学需氧量入海总量的95.14%;陆源入海排污口的排放量为453.88吨/年,仅占比4.86%,说明化学需氧量主要通过入海河流进海。具体情况见表2.7。

表2.7 不同入海污染物分布情况

单位:吨/年

污染物类别	入海河流	陆源入海排污口	总 计
化学需氧量	8882.14	453.88	9336.02
氨氮	398.67	3.927	402.6
石油类	34.04	—	34.04
挥发酚	—	—	—
生化需氧量	1728.57	38.85	1767.42
总磷	82.97	5.13	88.1
总氮	1386.96	39.09	1426.05
氰化物	—	—	—
砷	—	—	—
总铬	—	—	—
六价铬	—	—	—
铅	—	0.012	0.012
镉	—	0.0037	0.0037
汞	—	0.0013	0.0013

生化需氧量的入海总量为1767.42吨/年,其中入海河流的排放量为1728.57吨/年,占生化需氧量入海总量的97.80%;陆源入海排污口的排放量为38.85吨/年,占比仅为2.20%,说明生化需氧量主要通过入海河流进海。

总氮的入海总量为1426.05吨/年,其中入海河流的排放量为1386.96吨/年,占氨氮入海总量的97.26%;陆源入海排污口的排放量为39.09吨/年,占氨氮入海总量的2.74%,说明氨氮主要通过入海河流进海。

第四节 | 绍兴市节能减排概况

本节以绍兴市海洋节能减排的相关数据为基础，从入海河流分布、入海河流水质、入海排污口分布、排污口排污状况及入海污染物基本类型等多个方面进一步分析绍兴市海洋节能减排情况。

一、入海河流分布及水质状况

针对入海河流基本情况，本部分主要从绍兴市入海河流的地区分布进行分析；而关于水质状况，本部分主要对入海河流携带的污染物进行检测，分析绍兴市入海河流水质相关问题。

（一）入海河流的基本情况

绍兴市仅有1条入海河流，即位于上虞区的曹娥江。入海河流的流域面积在100—1000平方千米范围内，且该河流在入海口处设闸。

（二）入海河流的水质情况

本部分根据入海河流水质监测情况，参照《地表水环境质量标准》（GB 3838—2002），对曹娥江的入海河流水质情况进行评价（见表2.8）。结果显示，化学需氧量、石油类、挥发酚、氰化物、六价铬、铅、镉、汞符合第一类地表水水质标准，氨氮和总磷符合第二类地表水水质标准，总氮符合劣五类地表水水质标准。

表2.8 水质状况分类评估情况表

入海河流名称	化学需氧量	氨氮	石油类	挥发酚	生化需氧量	总磷	汞
曹娥江	一、二类	二类	一、二、三类	一、二类	—	二类	一、二类
	总氮	氰化物	砷	六价铬	铅	镉	
	劣五类	一类	一、二、三类	一类	一、二类	一类	—

（三）入海河流携带的污染物分析

绍兴市河流携带的污染物入海量为6129.90吨/年（见图2.34）。其中，化学需氧量的入海量为4144.00吨/年，总氮的入海量为1030.08吨/年，生化需氧量和氨氮的入海量分别为858.40吨/年、68.08吨/年，另外还有少量的总磷、石油类、氰化物、六价铬、铅、砷、挥发酚、镉和汞。

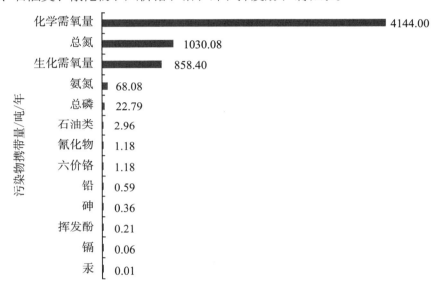

图2.34　入海河流污染物携带量

二、入海排污口分布及排污状况

关于绍兴市入海排污口分布及排污状况的分析，本部分主要从入海排污口分布、入海排污口携带的污水及污染物2个方面进行分析。

（一）入海排污口分布

绍兴市有2个陆源入海排污口，分别位于上虞区和柯桥区，均为综合排污口，且2个排污口均为连续性排放。具体情况见表2.9。

表2.9　入海排污口基本情况

所处地区	排污口类型	入海方式	污水排放方式	是否深海排放
上虞区	综合排污口	明管	连续性排放	是
柯桥区	综合排污口	其他	连续性排放	否

（二）入海排污口携带的污水及污染物情况

绍兴市共有2个入海排污口，污水入海总量为32 848.00吨/年。分地区来看，柯桥区污水入海量最多，达27 653.00吨/年，占绍兴市入海排污口携带污水总量的84.18%；上虞区的污水入海量为5195.00吨/年，占绍兴市入海排污口携带污水总量的15.82%。相关数据可见图2.35。

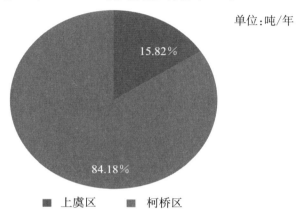

图2.35　不同地区入海排污口携带的污水量

绍兴市排污口携带入海的污染物总量为44 360.27吨/年（见图2.36）。其中，化学需氧量的入海量为30 384.79吨/年，总氮的入海量为11 169.05吨/年，氨氮的入海量为1801.66吨/年，生化需氧量的入海量为623.40吨/年，石油类和总磷的入海量分别为211.96吨/年和166.32吨/年，另外还有少量的砷、总铬、六价铬和汞。

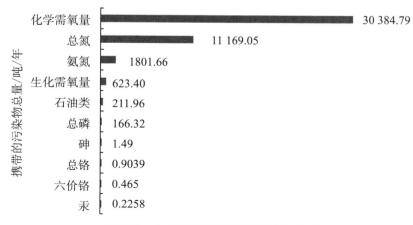

图2.36　入海排污口携带的污染物总量

三、入海污染物综合分析

本部分从入海污染物的构成和主要入海污染物的分布这2个方面对绍兴市入海污染物进行分析。

（一）入海污染物的构成

绍兴市入海污染物的总量为50 490.17吨/年。从污染物构成来看（见图2.37），化学需氧量的入海量为34 528.79吨/年，总氮的入海量为12 199.13吨/年，氨氮和生化需氧量的入海量分别为1869.74吨/年、1481.80吨/年，石油类和总磷的入海量分别为214.92吨/年、189.12吨/年，另外还有少量的砷、六价铬、氰化物、总铬、铅、汞、挥发酚和镉。

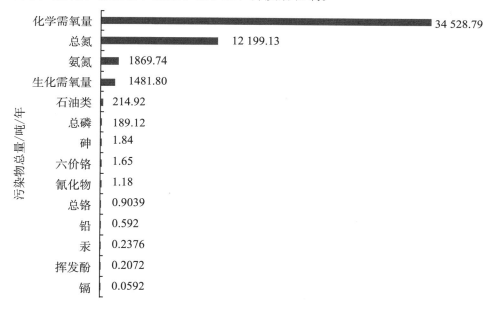

图2.37　入海污染物总量

（二）主要入海污染物的分布

化学需氧量的入海总量为34 528.79吨/年，其中陆源入海排污口的排放量为30 384.79吨/年，占比高达88.00%；入海河流的排放量为4144.00吨/年，占化学需氧量入海总量的12.00%，说明化学需氧量主要通过陆源入海排污口进海。

总氮的入海总量为12 199.13吨/年，其中陆源入海排污口的排放量为

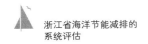
11 169.05吨/年，占比达91.56％；入海河流的排放量为1030.08吨/年，占总氮入海总量的8.44％，说明总氮主要通过陆源入海排污口进海。

氨氮的入海总量为1869.74吨/年，其中陆源入海排污口的排放量为1801.66吨/年，占氨氮入海总量的96.36％；入海河流的排放量为68.08吨/年，占氨氮入海总量的3.64％，说明氨氮主要通过陆源入海排污口进海。相关数据可见表2.10。

表2.10　不同入海污染物分布情况

单位：吨/年

污染物类别	入海河流	陆源入海排污口	总计
化学需氧量	4144.00	30 384.79	34 528.79
氨氮	68.08	1801.66	1869.74
石油类	2.96	211.96	214.92
挥发酚	0.2072	—	0.2072
生化需氧量	858.4	623.40	1481.8
总磷	22.79	166.32	189.12
总氮	1030.08	11 169.05	12 199.13
氰化物	1.18	—	1.18
砷	0.3552	1.49	1.84
总铬	—	0.9039	0.90
六价铬	1.18	0.465	1.65
铅	0.592	—	0.59
镉	0.0592	—	0.0592
汞	0.0118	0.2258	0.2376

第五节 | 舟山市节能减排概况

本节以舟山市海洋节能减排的相关数据为基础，从入海排污口分布、排污口排污状况、入海排污口排污方式与入海方式及入海排污口携带的污染物等方面切入，进一步分析舟山市海洋节能减排的基本情况。

一、入海排污口分布

关于舟山市入海排污口分布的分析，本部分主要从舟山市整体入海排污口分布及不同类型的排污口分布情况这2个方面进行分析。

（一）入海排污口的分布情况

舟山市有49个陆源入海排污口，其中普陀区入海排污口的数量最多（19个），占比达38.78%；其次是定海区和岱山县，分别有14个和10个；入海排污口数量最少的是嵊泗县，有6个。相关数据可见图2.38。

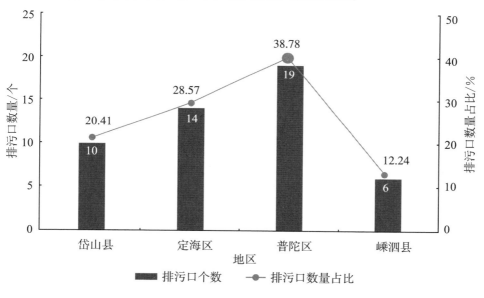

图2.38 各市入海排污口的数量分布

（二）不同类型的入海排污口分布情况

从入海排污口类型上看，工业排污口最多，有44个，占比高达89.80%；市政排污口和综合排污口次之，分别有4个和1个，占比均在10%以下。总体而言，舟山市入海排污口以工业排污口为主。相关数据可见图2.39。

从各地区入海排污口的类型分布来看，舟山市地区间的差别不显著，均以工业排污口为主。相关数据可见图2.40。

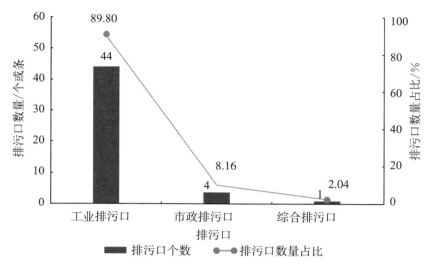

图2.39 不同类型入海排污口分布

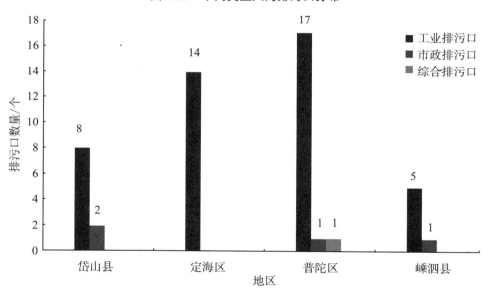

图2.40 各地区不同类型入海排污口分布

具体而言，在工业排污口中，普陀区最多，有17个；定海区次之，有14个；岱山县和嵊泗县较少，分别有8个、5个。在市政排污口中，岱山县、普陀区和嵊泗县分别有2个、1个、1个。综合排污口则仅普陀区有1个。

二、排污口的主要排污方式和入海方式分析

针对舟山市入海排污口排污情况，本部分主要从入海口排污的方式、排污口的入海方式及排污口的深海排放情况3个方面入手，分析舟山市入海排污口排污的基本情况。

（一）入海排污口的排污方式

在舟山市49个陆源入海排污口中，有31个排污口的排污方式为间歇性排放，占总量的63.27％；18个排污口的排污方式为连续性排放，占总量的36.73％。显然，间歇性排放是舟山市入海排污口最主要的排污方式。相关数据可见图2.41。

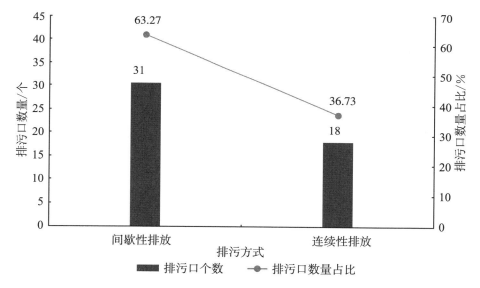

图2.41　入海排污口排污方式的整体情况

分地区来看，岱山县、嵊泗县和普陀区入海排污口的排污方式均以间歇性排放为主，定海区入海排污口的排污方式则以间歇性排放和连续性排放为主。相关数据可见图2.42。

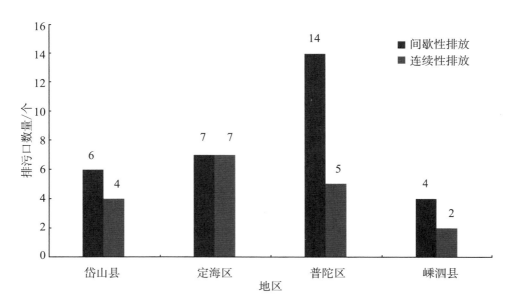

图2.42　各地区排污口的主要排污方式

具体而言，在间歇性排放方式中，普陀区的排污口最多，有14个；定海区和岱山县次之，分别有7个、6个；嵊泗县最少，仅有4个。在连续性排放方式中，定海区的排污口最多，有7个；普陀区和岱山县次之，分有5个和4个；嵊泗县最少，仅有2个。

从入海排污口类型来看，舟山市的工业排污口以间歇性排放为主，市政排污口和综合排污口均以连续性排放为主。相关数据可见图2.43。

具体而言，在间歇性排放方式中，31个均为工业排污口。在连续性排放方式中，工业排污口最多，有13个；市政排污口次之，有4个；综合排污口仅有1个。

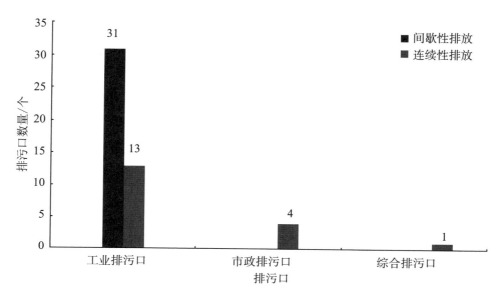

图2.43　不同类型排污口的主要排污方式

（二）排污口的入海方式

在舟山市49个陆源入海排污口中，43个排污口通过其他方式入海，而通过暗管、明管和明渠方式入海的排污口较少，分有3个、2个和1个。相关数据可见图2.44。

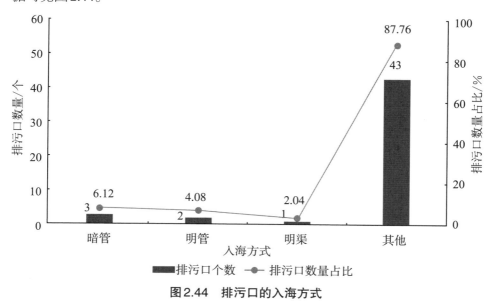

图2.44　排污口的入海方式

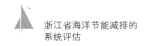

总体上看，岱山县、定海区和普陀区排污口均以其他入海方式为主。相关数据可见图2.45。

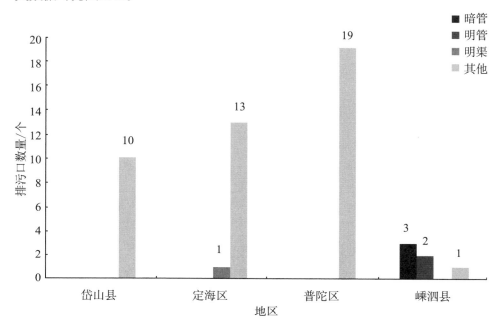

图2.45　各地区排污口的入海方式

具体而言，在其他入海方式中，普陀区排污口最多，有19个；定海区和岱山县次之，分有13个和10个；嵊泗县最少，仅有1个。在明渠入海方式中，仅定海区有1个排污口。在暗管和明管入海方式中，嵊泗县分别有3个和2个排污口，其他区暂无。

从排污口的类型来看，工业排污口、市政排污口和综合排污口均以其他方式入海为主。相关数据可见图2.46。

具体而言，在工业排污口中，通过其他方式入海的最多，有39个；通过暗管、明管和明渠方式入海的较少，分别仅有2个、2个和1个。在市政排污口中，通过其他方式入海的最多，有3个；通过明管方式入海的较少，只有1个。在综合排污口中，仅有1个通过其他方式入海。

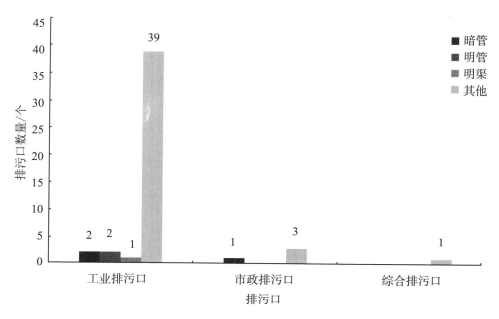

图2.46　不同类型排污口的入海方式

（三）排污口的深海排放情况

在舟山市49个排污口中，47个是深海排放，仅有2个是非深海排放，说明舟山市的排污口以深海排放为主。

分地区来看，除定海区有2个排污口是通过非深海排放外，其他排污口均是通过深海排放的。相关数据可见图2.47。

从入海排污口的类型来看，舟山市不同类型的排污口均倾向于深海排放。相关数据可见图2.48。

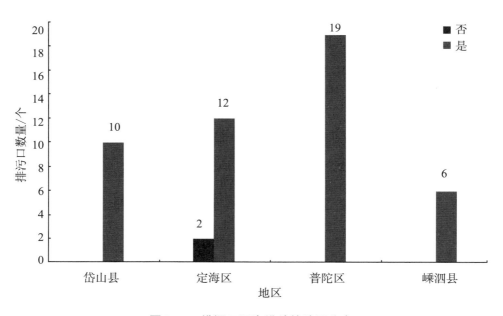

图2.47　排污口深海排放的地区分布

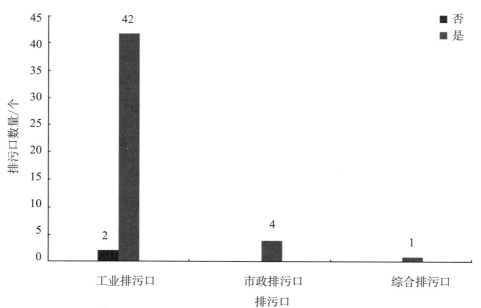

图2.48　不同类型排污口深海排放

三、入海排污口携带的污水及污染物情况

入海排污口携带的污染主要包括携带的污水和污染物2个方面。

（一）入海排污口携带的污水

舟山市共有49个入海排污口，污水入海总量为15 464.84吨/年。分地区来看，普陀区的污水入海量最多，达14 249.84吨/年，占舟山市入海排污口携带污水总量的92.14%；岱山县、定海区和嵊泗县的污水入海量相对较少，分别为746.50吨/年、273.50吨/年、195.00吨/年。相关数据可见图2.49。

从排污口类型来看，污水入海量携带最多的是市政排污口，高达6076.50吨/年，占舟山市入海排污口污水携带总量的39.29%；其次是工业排污口（4888.34吨/年），占比为31.61%；综合排污口携带的污水入海量较少（4500.00吨/年），占比为29.10%。相关数据可见图2.50。

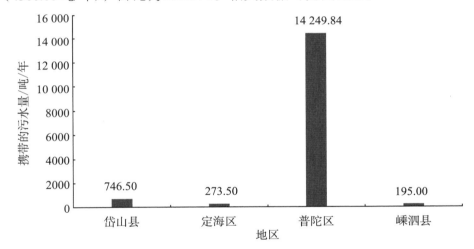

图2.49　各地区排污口携带的污水量

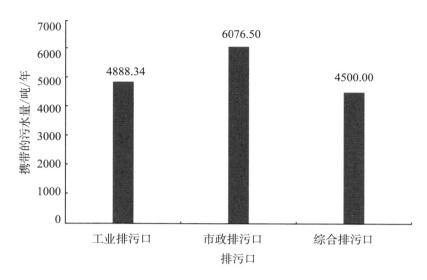

图2.50　不同类型排污口携带的污水量

（二）入海排污口携带的污染物

舟山市入海排污口携带入海的污染物总量为1380.35吨/年（见图2.51）。其中，化学需氧量的入海量为995.12吨/年，总氮的入海量为276.68吨/年，氨氮的入海量为85.81吨/年，另外还有少量的总磷、石油类和挥发酚。

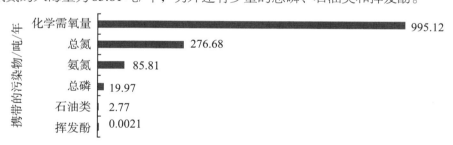

图2.51　入海排污口携带的污染物总量

从排污口类型上看，舟山市工业排污口携带入海的污染物总量为614.33吨/年，市政排污口携带入海的污染物总量为581.86吨/年，综合排污口携带入海的污染物总量为184.16吨/年，说明工业排污口和市政排污口携带的污染物较多。相关数据可见图2.52。

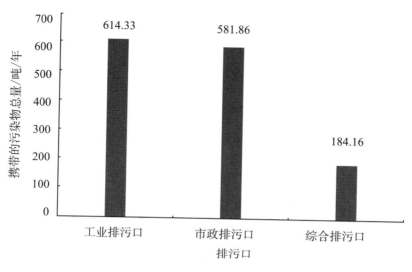

图2.52　不同类型排污口携带的污染物总量

在工业排污口中，化学需氧量、总氮、氨氮和总磷的入海量分别为498.06吨/年、63.58吨/年、35.94吨/年和13.98吨/年，还有少量的石油类和挥发酚。在市政排污口中，化学需氧量、总氮、氨氮和总磷的入海量分别为430.81吨/年、99.10吨/年、46.56吨/年和5.40吨/年。在综合排污口中，总氮和化学需氧量的入海量分别为114.00吨/年和66.25吨/年，另外还有少量的氨氮和总磷。具体如表2.11所示。

表2.11　不同类型排污口携带的污染物总量

单位：吨/年

污染物类别	工业排污口	市政排污口	综合排污口	排污河
化学需氧量	498.06	430.81	66.25	—
氨氮	35.94	46.56	3.31	—
石油类	2.77	—	—	—
挥发酚	0.0021	—	—	—
生化需氧量	—	—	—	—
总磷	13.98	5.40	0.60	—
总氮	63.58	99.10	114.00	—
氰化物	—	—	—	—
砷	—	—	—	—

污染物类别	工业排污口	市政排污口	综合排污口	排污河
总铬	—	—	—	—
六价铬	—	—	—	—
铅	—	—	—	—
镉	—	—	—	—
汞	—	—	—	—

第六节｜台州市节能减排概况

本节以台州市海洋节能减排的相关数据为基础，进一步分析台州市入海河流分布与水质、入海排污口分布与排污状况及入海污染物类型等基本情况。

一、入海河流分布及水质状况

针对入海河流基本情况，本部分主要从入海河流的地区分布、流域面积分布和设闸情况3个方面加以分析；而关于水质状况，本部分主要对入海河流携带的污染物进行检测，分析台州市入海河流水质的相关问题。

（一）入海河流的基本情况

从整体上看，台州市有8条入海河流。其中，椒江区、路桥区、玉环市及温岭市各有1条，三门县有4条。相关数据可见图2.53。

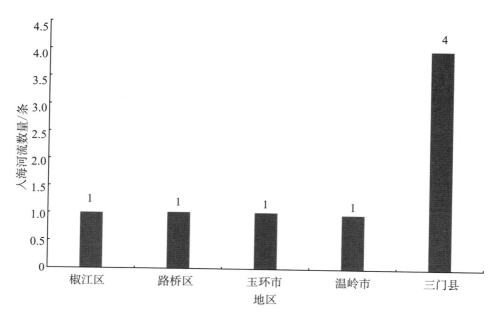

图2.53　各地区入海河流的分布情况

（二）入海河流流域面积

从流域面积来看，台州市有1条入海河流的流域面积在50—100（不含100）平方千米范围内，5条入海河流的流域面积在100—1000（不含1000）平方千米范围内，其余2条入海河流的流域面积在1000—10 000（不含10 000）平方千米的范围内，暂无流域面积超过10 000平方千米的入海河流。相关数据可见图2.54。

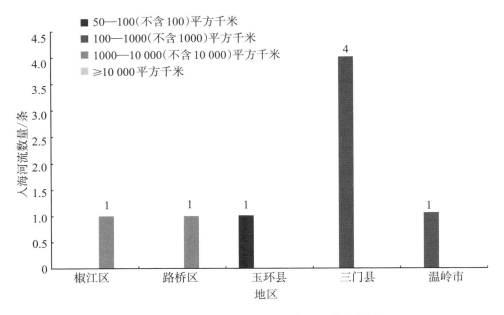

图2.54　各地区不同流域面积入海河流的分布情况

（三）入海河流的设闸情况

台州市有4条河流在入海口处设闸。其中，路桥区、温岭市、三门县和玉环市各有1条。相关数据可见图2.55。

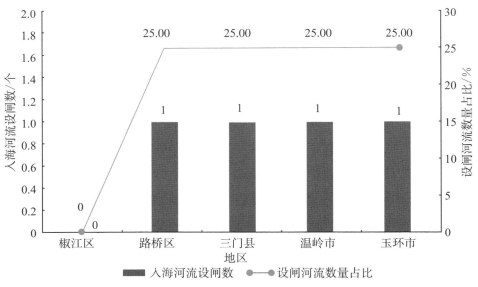

图2.55　入海河流设闸数

（四）入海河流的水质情况

根据入海河流水质监测情况，参照《地表水环境质量标准》（GB 3838—2002），本部分对台州市入海河流水质情况进行评价（见表2.12）。结果显示，台州市的8条入海河流的挥发酚、氰化物、砷、六价铬、铅、汞、镉均符合第一类地表水水质标准，总氮均符合劣五类地表水水质标准。化学需氧量、氨氮、石油类、生物需氧量、总磷的地表水水质标准分布如下：

表2.12　水质状况分类评估情况表

污染物类别	椒江	金清港	健跳港	浦坝港	箬松大河	洞港	海游港	桐丽河
化学需氧量	一、二类	—	—	—	五类	—	一、二类	—
氨氮	一类	劣五类	二类	二类	劣五类	二类	二类	劣五类
石油类	一、二、三类	四类	一、二、三类	一、二、三类	四类	一、二、三类	一、二、三类	
挥发酚	—	一、二类	一、二类	一、二类	一、二类	一、二类	一、二类	
生化需氧量	—	三类	—	—	四类	—	—	
总磷	四类	劣五类	二类	三类	劣五类	三类	二类	劣五类
总氮	劣五类	劣五类						
氰化物	—	一类	一类	一类	一类	一类	一类	
砷	一、二、三类	一、二、三类	一、二、三类	一、二、三类	一、二、三类	一、二、三类	一、二、三类	
六价铬	一类	一类	一类	一类	一类	一类	一类	
铅	一、二类	一、二类	一、二类	一、二类	一、二类	一、二类	一、二类	
镉	一类	一类	一类	一类	一类	一类	一类	
汞	一、二类	一、二类	一、二类	一、二类	一、二类	一、二类	一、二类	

化学需氧量符合第一、二类地表水水质标准的入海河流有2条，占比为66.67%；符合第五类地表水水质标准的入海河流有1条，占比为33.33%。

氨氮符合第一类地表水水质标准的入海河流有1条，占比为12.5%；符合第二类地表水水质标准的入海河流有4条，占比为50.00%；符合劣五类地表水水质标准的入海河流有3条，占比为37.50%。

石油类符合第一、二、三类地表水水质标准的入海河流有5条，占比为71.43%；符合第四类地表水水质标准的入海河流有2条，占比为28.57%。

生化需氧量符合第三、四类地表水水质标准的入海河流各有1条，各占比50.00%。

总磷符合第二类地表水水质标准的入海河流有2条，占比为25.00%；符合第三类地表水水质标准的入海河流有2条，占比为25.00%；符合第四类地表水水质标准的入海河流有1条，占比为12.50%；符合劣五类地表水水质标准的入海河流有3条，占比为37.50%。

（五）入海河流携带的污染物分析

台州市河流携带的污染物入海量为28 972.01吨/年（见图2.56）。其中，总氮的入海量为13 235.20吨/年，化学需氧量的入海量为12 566.10吨/年，总磷的入海量为1461.85吨/年，氨氮和生化需氧量的入海量分别为1052.22吨/年和350.41吨/年，石油类的入海量为247.02吨/年，砷的入海量为16.67吨/年，总铬和铅的入海量分别为16.39吨/年和13.18吨/年，另外还有少量的六价铬、氰化物、挥发酚和汞。

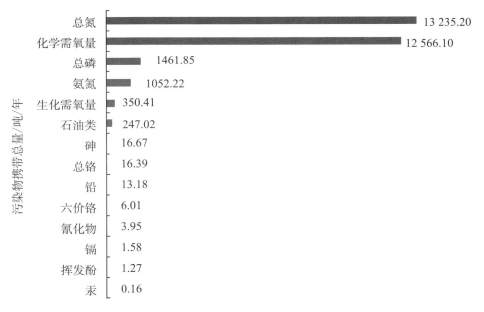

图2.56　入海河流污染物携带总量

二、入海排污口分布及排污状况

关于台州市入海排污口分布及排污状况的分析，本部分主要从入海排污口分布与类型、入海排污口排污方式、排污口入海方式、入海排污口携带的污水及污染物4个方面进行分析。

（一）入海排污口分布与排污状况

台州市有9个陆源入海排污口，其中三门县入海排污口的数量最多（4个），占比达44.44％；其次是玉环市，有2个；入海排污口数量较少的是椒江区、临海市和温岭市，各仅有1个。相关数据可见图2.57。

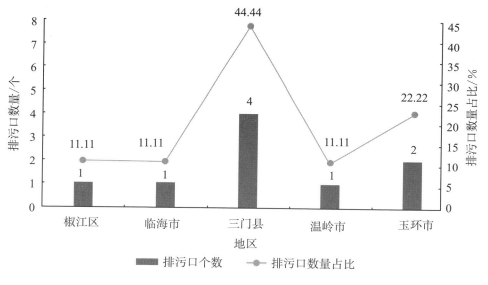

图2.57　各市入海排污口的数量分布

从入海排污口类型上看，市政排污口最多，有6个；工业排污口次之，有3个。相关数据可见图2.58。

从各地区入海排污口的类型分布来看，椒江区、临海市及温岭市以市政排污口为主，三门县与玉环市以工业排污口和市政排污口为主。相关数据可见图2.59。

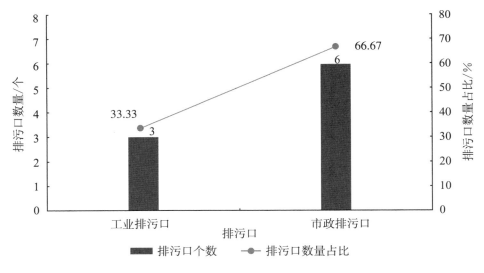

图2.58 不同类型入海排污口分布

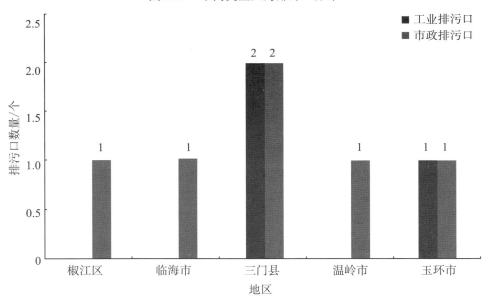

图2.59 各地区不同类型入海排污口分布

（二）排污口的主要排污方式和入海方式分析

在台州市9个陆源入海排污口中，5个排污口的排污方式为连续性排放，4个排污口的排污方式为间歇性排放。相关数据可见图2.60。

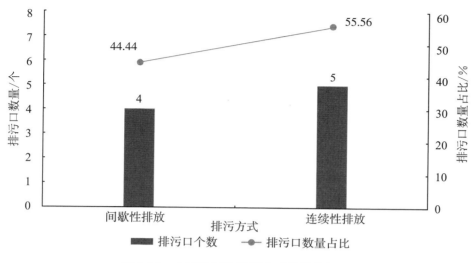

图2.60 入海排污口排污方式的整体情况

分地区来看，椒江区和临海市入海排污口的排污方式以连续性排放为主，温岭市入海排污口的排污方式则以间歇性排放为主，而三门县与玉环市入海排污口通过连续性排放与间歇性排放方式的比重相等。相关数据可见图2.61。

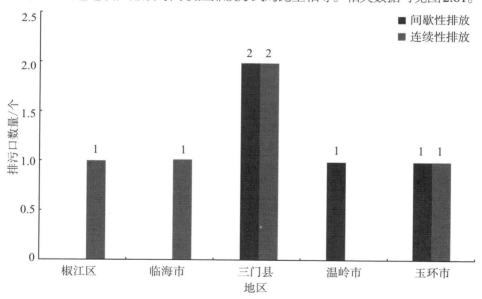

图2.61 各地区排污口的主要排污方式

从入海排污口类型来看，台州市的工业排污口以间歇性排放为主，市政排污口以连续性排放为主。相关数据可见图2.62。

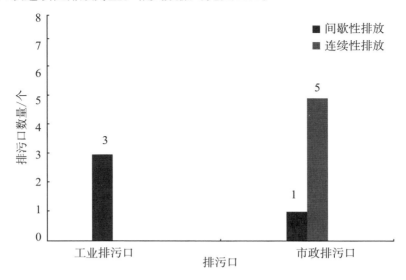

图2.62 不同类型排污口的主要排污方式

在台州市9个陆源入海排污口中,通过明管方式入海的排污口最多,有6个,其次是通过暗管和明渠方式入海的排污口,分别有2个和1个。相关数据可见图2.63。

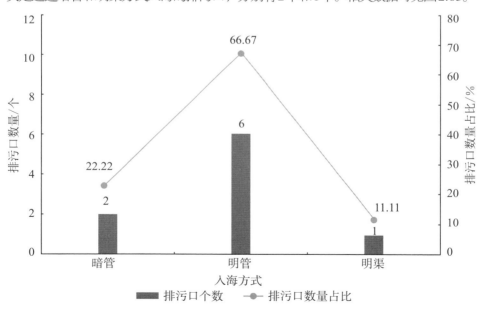

图2.63 排污口的入海方式情况

总体上看，三门县、椒江区和温岭市入海排污口以明管入海方式为主，临海市入海排污口以暗管入海方式为主，玉环市入海排污口以暗管和明管入海方式并重。相关数据可见图2.64。

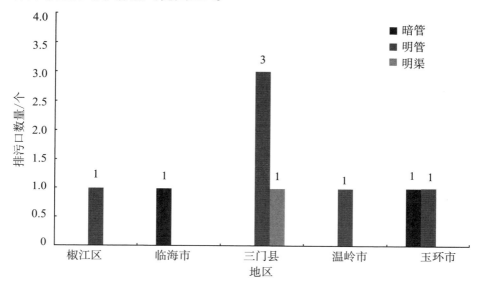

图2.64　各地区排污口的入海方式

从排污口的类型来看，市政排污口以明管入海方式为主。相关数据可见图2.65。具体而言，在工业排污口中，通过明管、暗管和明渠方式入海的排污口各有1个。在市政排污口中，通过明管方式入海的最多，有5个；通过暗管方式入海的较少，只有1个。

在台州市9个排污口中，3个是非深海排放，6个是深海排放，说明台州市排污口以深海排放为主。分地区来看，除三门县与玉环市分别有2个、1个排污口通过非深海方式排放外，其他排污口均通过深海方式排放。相关数据可见图2.66。

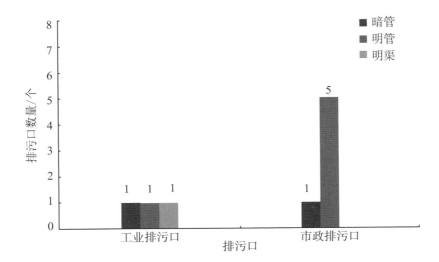

图2.65 不同类型排污口的入海方式

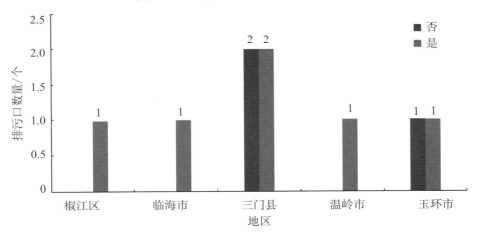

图2.66 排污口深海排放的地区分布

从入海排污口的类型来看，工业排污口均通过非深海方式排放，市政排污口均通过深海方式排放。相关数据可见图2.67。

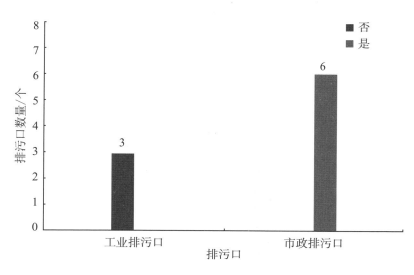

图2.67　不同类型排污口深海排放

（三）入海排污口携带的污水及污染物情况

台州市共有9个入海排污口，污水入海总量为200 379.16吨/年。分地区来看，玉环市污水入海量最多，达191 434.00吨/年，占台州市入海排污口携带污水总量的95.54%；椒江区、温岭市、三门县和临海市的污水入海量相对较少，分别为5230.03吨/年、2259.00吨/年、1084.13吨/年和372.00吨/年。相关数据可见图2.68。

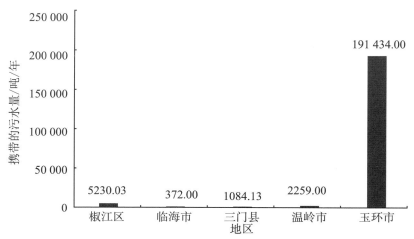

图2.68　各地区排污口携带的污水量

从排污口类型来看，工业排污口的污水入海量为191 361.00吨/年，占台州市入海排污口携带污水总量的95.50%，而市政排污口的污水入海量仅占4.50%。可见，从排污口类型上看，台州市排污口携带入海的污染物大部分来源于工业排污口。相关数据可见图2.69。

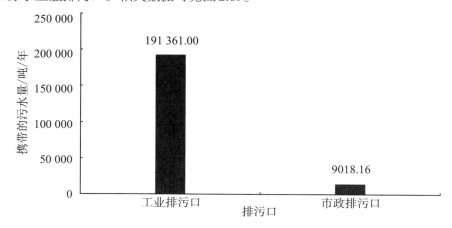

图2.69 不同类型排污口携带的污水量

台州市排污口携带入海的污染物总量为9240.92吨/年（见图2.70）。其中，化学需氧量的入海量为5380.20吨/年，总氮的入海量为2730.77吨/年，氨氮的入海量为903.51吨/年，总磷的入海量为225.88吨/年，另外还有少量的石油类。

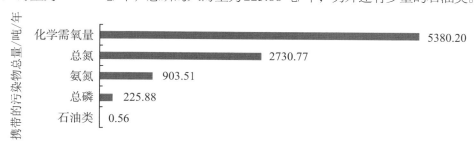

图2.70 入海排污口携带的污染物总量

三、入海污染物综合分析

本部分从入海污染物的构成和主要入海污染物的分布对绍兴市入海污染物进行分析，从而了解台州市主要入海污染物的基本类型。

（一）入海污染物的构成

台州市入海污染物总量为 38 212.94 吨/年。从污染物构成来看（见图 2.71），化学需氧量的入海量为 17 946.30 吨/年，总氮的入海量为 15 965.97 吨/年，氨氮、总磷、生化需氧量和石油类的入海量分别为 1955.73 吨/年、1687.73 吨/年、350.41 吨/年、247.58 吨/年，另外还有少量的砷、总铬、铅、六价铬、氰化物、镉、挥发酚和汞。

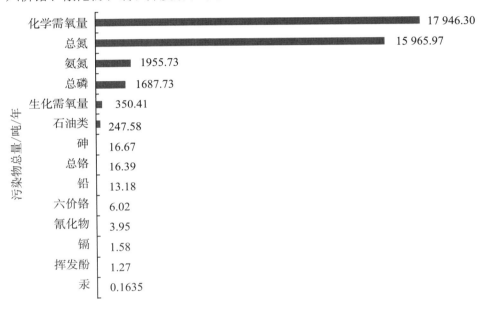

图2.71　入海污染物总量

（二）主要入海污染物的分布

化学需氧量的入海总量为 17 946.30 吨/年，其中入海河流的排放量为 12 566.10 吨/年，占化学需氧量入海总量的 70.02%；陆源入海排污口的排放量为 5380.20 吨/年，占比为 29.98%，说明化学需氧量主要通过入海河流进海。

总氮的入海总量为 15 965.97 吨/年，其中入海河流的排放量为 13 235.20 吨/年，占总氮入海总量的 82.90%；陆源入海排污口的排放量为 2730.77 吨/年，占比为 17.10%，说明总氮主要通过入海河流进海。

氨氮的入海总量为 1955.73 吨/年，其中入海河流的排放量为 1052.22 吨/年，

占氨氮入海总量的53.80%；陆源入海排污口的排放量为903.51吨/年，占氨氮入海总量的46.20%。具体见表2.13。

表2.13　不同入海污染物分布情况

单位：吨/年

污染物类别	入海河流	陆源入海排污口	总　计
化学需氧量	12 566.10	5380.20	17 946.30
氨氮	1052.22	903.51	1955.73
石油类	247.02	0.56	247.58
挥发酚	1.27	—	1.27
生化需氧量	350.41	—	350.41
总磷	1461.85	225.88	1687.73
总氮	13 235.20	2730.77	15 965.97
氰化物	3.95	—	3.95
砷	16.67	—	16.67
总铬	16.39	—	16.39
六价铬	6.02	—	6.02
铅	13.18	—	13.18
镉	1.58	—	1.58
汞	0.16	—	0.16

第三章

陆源污染物排放量
预测与分析

近年来，浙江省环境质量得到较大改善，但长江径流等陆源污染物排放总量仍居高不下，尤其是一些重点港湾水质一直反复出现陆源污染物超标的情况，这已成为浙江省海洋生态环境保护进程中迫切需要解决的问题。因此，从宏观角度预测浙江省各类陆源污染物排放量的变化趋势，进而通过预知各类陆源污染物的排放量来控制各类污染物排放目标，并合理分配海洋环境治理投入的资源，可以从根本上改善陆源污染物排放量。本部分的研究步骤如下：在现有相关研究的基础上，查阅历年《浙江自然资源与环境统计年鉴》和《浙江省海洋环境公报》，采用 GM（1，N）灰色微分预测方法，建立陆源污染物排放量预测模型，同时分别对浙江省沿海城市主要污染物排放量变化趋势进行预测，并通过比较分析，进一步提出提升陆源污染物控制能力的对策。

第一节 | 预测模型与方法

目前，常用的预测方法需要较大的样本，如果样本较小，预测结果会失效。而灰色预测模型由于具有所需建模信息少、运算方便、建模精度高的优点，在各种预测领域都有着广泛的应用，是处理小样本预测的有效工具。因此，结合《浙江省海洋环境公报》的数据特点，考虑数据的完整性和可获得性，在已有相关研究的基础上，本部分根据历年《浙江自然资源与环境统计年鉴》中的相关数据（化学需氧量排放量、氨氮排放量、总氮排放量、总磷排放量、石油类排放量），在总结浙江省沿海城市陆源污染物排放量变化趋势的基础上，采用 GM（1，1）灰色微分预测模型，对浙江省沿海城市陆源污染物排放量进行预测。

GM（1，1）灰色微分预测模型是描述一个变量的一阶微分方程模型，即基于随机的原始动态时间序列，经按时间累加后所形成的新的时间序列，可用一阶线性微分方程的解来近似替代。实践证明，灰色模型、GM（1，1）被用作短期预测时，一般能取得较高的精度。基本步骤如下：

第一步，收集原始数列 $x^{(0)}$。设原始数据为：

$$x^{(0)}=\left\{x^{(0)}(1)\ ,\ x^{(0)}(2)\ ,\ \cdots,\ x^{(0)}(n)\right\} \tag{3.1}$$

其中，n 为数据个数。

第二步，对数列 $x^{(0)}$ 进行累加，得到累加数列 $x^{(1)}$，可表示为：

$$x^{(1)}=\left\{x^{(1)}(1)\ ,\ x^{(1)}(2)\ ,\ \cdots,\ x^{(1)}(n)\right\} \tag{3.2}$$

其中，$x^{(1)}(k)=\sum_{i=1}^{k}x^{(0)}(i)$，$(k=1,\ 2,\ \cdots,\ n)$。

第三步，针对累加数列 $x^{(1)}$，建立微分方程，可表示为：

$$\frac{\mathrm{d}x^{(1)}}{\mathrm{d}t}+ax^{(1)}=\mu \tag{3.3}$$

其中，a，μ 均为待解参数，记作 $\hat{\alpha}=(\alpha,\ \mu)^{\tau}$。

第四步，采用最小二乘法，估计灰参数 $\hat{\alpha}$，得到：

$$\hat{\alpha}=(\ \boldsymbol{B}^{\mathrm{T}}\boldsymbol{B}\ )^{-1}\boldsymbol{B}^{\mathrm{T}}Y_n \tag{3.4}$$

其中，

$$\boldsymbol{B}=\begin{bmatrix}-z^{(1)}(2) & \cdots & 1\\ -z^{(1)}(3) & \cdots & 1\\ \vdots & & \vdots\\ -z^{(1)}(n) & \cdots & 1\end{bmatrix}=\begin{bmatrix}-\frac{1}{2}[\ x^{(1)}(1)\ +x^{(1)}(2)\ ] & \cdots & 1\\ -\frac{1}{2}[\ x^{(1)}(2)\ +x^{(1)}(3)\ ] & \cdots & \\ \vdots & & \vdots\\ -\frac{1}{2}[\ x^{(1)}(n-1)\ +x^{(1)}(n)\ ] & \cdots & 1\end{bmatrix};\ Y_n=\begin{bmatrix}x^{(0)}(2)\\ x^{(0)}(3)\\ \vdots\\ x^{(0)}(n)\end{bmatrix}。$$

第五步，将灰参数向量 $\hat{\alpha}$ 代入公式（3.4）可得 GM（1，1）模型，表示为：

$$\hat{x}^{(1)}(t+1)=[x^{(1)}(1)-\frac{\mu}{\alpha}\ ]e^{-at}+\frac{\mu}{\alpha} \tag{3.5}$$

第六步，计算 $x^{(0)}$ 的模拟值 $\hat{\alpha}^{(0)}$。对 $\hat{\alpha}^{(1)}$ 做累减，公式表示为：

$$\hat{x}^{(0)}(t)=x^{(1)}(t)-x^{(1)}(t-1)\ (t=2,\ 3,\ \cdots,\ m) \tag{3.6}$$

第二节｜预测结果与分析

根据上述步骤，采用 DPS 软件进行计算，可得到矩阵 $\boldsymbol{B}$。利用公式（3.4）估计灰参数 $\hat{c}$ 的结果，并将其值代入公式（3.5）可得灰色 GM（1，1）模型，即可计算得到各年度浙江省沿海城市陆源污染物排放量的估算结果，

如表3.1所示。

表3.1 模型的拟合精度预测值

污染物类别	年份	实际值(万吨)	拟合值(万吨)	相对误差率
化学需氧量	2011	81.83	81.83	0
	2012	78.62	82.47	0.049
	2013	75.50	74.64	−0.0113
	2014	72.50	67.56	−0.0682
	2015	68.30	61.14	−0.1048
	2016	46.10	55.34	0.2003
氨氮	2011	11.54	11.54	0
	2012	11.22	11.61	0.0342
	2013	10.70	10.66	−0.0033
	2014	10.30	9.80	−0.049
	2015	9.80	9.00	−0.082
	2016	7.30	8.26	0.1319
总氮	2011	9.23	9.23	0
	2012	9.23	8.67	−0.0605
	2013	9.40	9.21	−0.0202
	2014	9.60	9.78	0.0189
	2015	8.40	10.39	0.2368
	2016	12.50	11.03	−0.1172
总磷	2011	1.15	1.15	0
	2012	1.06	1.15	0.0837
	2013	1.10	1.09	−0.0098
	2014	1.20	1.03	−0.142
	2015	1.00	0.97	−0.0267
	2016	0.80	0.92	0.15
石油类	2011	0.10	0.10	0
	2012	0.07	0.08	0.1203
	2013	0.07	0.06	−0.1782
	2014	0.05	0.05	−0.0276
	2015	0.04	0.04	0.007
	2016	0.02	0.03	0.2934

由表3.1可知，在2011—2016年间，浙江省陆源污染物中化学需氧量的排放量最高，其次是总氮，再次是氨氮，总磷和石油类排放量相对较少。

一、化学需氧量排放量的预测

根据2011—2016年化学需氧量的排放量，结合上述GM（1，1）模型构建步骤，可得化学需氧量排放量的时间响应函数为：$\hat{x}^{(1)}(t+1)=-868.601e^{-0.099\,765\,619t}+950.4259$，其中$\partial=0.099\,765\,619$，$\mu=94.819\,829\,18$。

分别取$t=0$，1，2，3，4，5，代入GM（1，1）模型，可得化学需氧量在2011—2016年的预测值，实际值与预测值的对比情况可见图3.1。

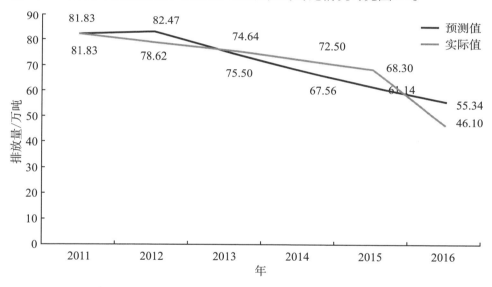

图3.1　2011—2016年化学需氧量排放量的变化趋势

由图3.1可知，浙江省化学需氧量实际排放量呈逐年下降趋势。其中，2011—2015年以较为平稳的速率（约为4.41%）下降，但在2016年呈现大幅度下降趋势，同比下降速率达到32.50%，这与浙江省在2016年相继出台了一系列海洋环境保护政策（如《浙江省生态环境保护"十三五"规划》《浙江省海洋环境污染专项整治工作方案》等）直接相关，其进一步加大了对陆源污染物排放的监控和治理力度。

根据GM（1，1）模型预测结果，2012年浙江省化学需氧量的排放量同比

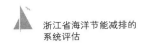

增加0.79％，之后以平均每年9.5％的速率下降，预测值在实际值上下波动，且相对误差率较小，说明模型拟合效果良好，精度较高。

二、氨氮排放量的预测

根据2011—2016年氨氮排放量，结合上述GM（1，1）模型构建步骤，可得浙江省氨氮排放量的时间响应函数为：$\hat{x}^{(1)}(t+1)=-142.434e^{-0.085\,032\,741t}+153.9769$，其中$\partial=0.085\,032\,741$，$\mu=13.093\,079\,21$。

分别取$t=0$，1，2，3，4，5，代入GM（1，1）模型，可得氨氮在2011—2016年的预测值，实际值与预测值的结果如图3.2所示。

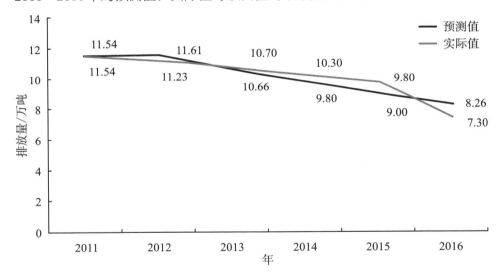

图3.2　2011—2016年氨氮排放量的变化趋势

由图3.2可知，浙江省氨氮实际排放量呈逐年下降趋势，其中2011—2015年下降速率较为平稳，在2％至5％之间，之后在2016年出现大幅下降的趋势，同比下降速率达到25.51％。

根据GM（1，1）模型预测结果，2012年浙江省氨氮排放量同比增加0.59％，之后以每年平均8.15％的速率下降。除2016年之外，其他几年的预测值与实际值相对误差率均在0.1以下，预测精度较高，即可以使用GM（1，1）模型对氨氮排放量进行预测。

三、总氮排放量的预测

根据2011—2016年总氮排放量，结合上述GM（1，1）模型具体构建步骤，可得浙江省总氮排放量的时间响应函数为：$\hat{x}^{(1)}(t+1)=139.6269e^{0.06025t}-130.4$，其中$\partial=-0.06025$，$\mu=7.856703$。

分别取$t=0$，1，2，3，4，5，代入GM（1，1）模型，可得总氮在2011—2016年的预测值，实际值与预测值的结果如图3.3所示。

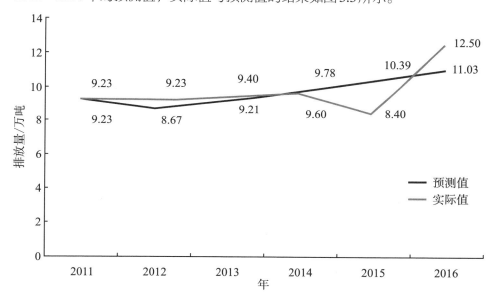

图3.3　2011—2016年总氮排放量的变化趋势

由图3.3可知，浙江省总氮实际排放量在2011—2014年有小幅度上升，从2011年的9.23万吨增长到2014年的9.60万吨，随后在2015年有所下降，为8.40万吨，在短暂的下降之后，总氮排放量在2016年同比增长达到48.81％，年排放量高达12.50万吨。

GM（1，1）模型的预测结果显示，2012年浙江省总氮排放量同比下降6.03％，之后4年以每年6.21％的速率增长。实际上，除2015年、2016年预测值与实际值间相对误差较大之外，其他年份相对误差均在0.10及以下，模型总体拟合效果良好，可用作总氮排放量预测。

四、总磷排放量的预测

根据2011—2016年总磷排放量，结合上述GM（1，1）模型具体构建步骤，可得浙江省总磷排放量的时间响应函数为：$\hat{x}^{(1)}(t+1)=-21.055e^{-0.056\,282t}+22.202\,03$，其中$\partial=0.056\,282$，$\mu=1.249\,568$。

分别取$t=0$，1，2，3，4，5，代入GM（1，1）模型，可得总磷在2011—2016年的预测值，实际值与预测值的结果如图3.4所示。

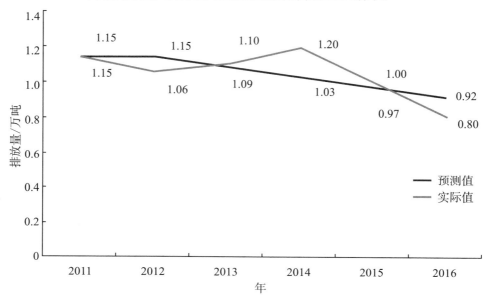

图3.4　2011—2016年总磷排放量的变化趋势

由图3.4可知，浙江省总磷实际排放量呈现先降后升再降的局面。据统计资料显示，2011年浙江省总磷排放量为1.15万吨，2012年下降至1.06万吨，随后2年又有小规模上升，至2014年达到1.20万吨。经过政府对海洋环境的治理，总磷排放量在2015—2016年里连续下降，其中2015年同比下降16.67%，2016年同比下降20%，至2016年浙江省总磷排放量仅为0.80万吨。

GM（1，1）模型预测结果显示，2012年浙江省总磷排放量较2011年略有上升，同比增长率为0.46%，随后4年以每年5.47%的速率减少。通过预测值与实际值的对比，可知2014年和2016年相对误差较大，其他年份相对误差均在0.1以下，总体来说模型预测效果良好。

五、石油类排放量的预测

根据2011—2016年石油类排放量，结合上述GM（1，1）模型具体构建步骤，可得浙江省石油类排放量的时间响应函数为：$\hat{x}^{(1)}(t+1)=-0.385\,88e^{-0.221\,424\,211t}+0.484\,009$，其中$\partial=0.221\,424\,211$，$\mu=0.107\,171\,309$。

分别取$t=0$，1，2，3，4，5，代入GM（1，1）模型，可得石油类在2011—2016年的预测值，实际值与预测值的结果如图3.5所示。

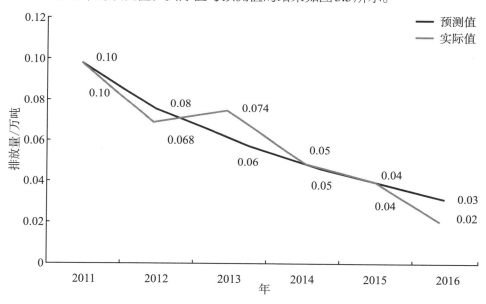

图3.5　2011—2016年石油类排放量的变化趋势

由图3.5可知，浙江省石油类污染物排放量波动较大，但总体呈现下降趋势。据统计资料显示，2011年浙江省石油类排放量为0.10万吨，2012年同比下降30.28%，紧接着在2013年石油类排放量小规模上升，同比增长9.27%，在随后的3年里，分别以32.26%，22.53%，37.76%的速率下降，至2016年浙江省石油类排放量仅为0.02万吨。

GM（1，1）模型的预测结果显示，浙江省石油类排放量以2种不同的速率逐年下降，其中2012年同比下降21.92%，后面4年均以19.86%的速率在减少。总体来说，预测值在实际值上下波动，模型拟合效果较好。

六、测算结果的讨论

综上所述，基本上各类污染物排放量的相对误差都在0.2以下，说明GM（1，1）模型对浙江省陆源污染物变化趋势的模拟效果较好，精度较高，可用作对污染物排放量的预测，以本次调查的样本数据，我们可预测2017—2020年的相应结果。预测结果如表3.2所示。

表3.2 基于GM(1,N)模型的浙江省各类陆源污染物排放量预测结果

单位:万吨

污染物类别	2017年	2018年	2019年	2020年	年均变化率
化学需氧量	50.08	45.33	41.02	37.13	−9.50%
氨氮	7.59	6.97	6.40	5.88	−8.15%
总氮	11.72	12.45	13.22	14.04	6.21%
总磷	0.87	0.82	0.78	0.73	−5.47%
石油类	0.03	0.02	0.02	0.01	−19.86%

预测结果显示，在2017—2020年间，浙江省化学需氧量排放量最高，总氮排放量位居第二，氨氮排放量位于第三，总磷、石油类排放量相对较少。其中，石油类排放量以每年19.86%的速率减少，预测到2020年仅为0.01万吨；化学需氧量排放量以每年9.50%的速率减少，预测到2020年为37.13万吨；氨氮排放量以每年8.15%的速率减少，预测到2020年仅为5.88万吨；总磷排放量以每年5.47%的速率减少，预测到2020年仅为0.73万吨；和上述4种污染物变化趋势不同的是，浙江省总氮排放量以每年6.21%的速率增加，预测到2020年会达到14.04万吨。总氮含量过高会引起微生物大量繁殖，继而使水体呈现富营养化状态，严重破坏海洋生态，因此政府需要对海洋中总氮含量逐年增加的现象给予高度重视，并采取相关对策减少总氮排放量。

结合浙江省2011—2016年各沿海城市污染物排放总量数据，利用GM（1，1）模型建立污染物排放量模型，并对浙江省沿海城市2017—2020年污染物排放量做出预测，具体结果见表3.3。

表3.3　基于GM(1,N)模型的浙江省沿海城市陆源污染物排放量预测结果

单位：吨

沿海城市	2017年	2018年	2019年	2020年	年均变化率
杭州市	116 910.84	110 190.00	103 855.49	97 885.14	−5.75%
嘉兴市	98 142.65	97 589.95	97 040.37	96 493.88	−0.56%
绍兴市	94 383.58	90 685.42	87 132.17	83 718.14	−3.92%
舟山市	19 893.67	18 899.18	17 954.41	17 056.87	−5.00%
台州市	79 661.34	76 189.81	72 869.56	69 694.00	−4.36%
宁波市	84 788.39	82 708.52	80 679.68	78 700.60	−2.45%
温州市	152 459.61	147 851.20	143 382.15	139 048.20	−3.02%

由预测结果可知，在2017—2020年间，温州市、杭州市和嘉兴市的污染物排放量位居浙江省前3名，其次是绍兴市、宁波市和台州市，舟山市污染物排放量最少。从变化趋势来看，浙江省各沿海城市陆源污染物排放量呈现逐年减少的趋势。其中，杭州市污染物排放量的年平均下降率最高，为5.75%；其次是舟山市，为5.00%；台州市、绍兴市和温州市的污染物排放量年均下降率分别为4.36%，3.92%，3.02%；宁波市和嘉兴市污染物排放量年均下降率相对较低，分别为2.45%，0.56%。

第三节 ｜ 小　结

本部分对浙江省各沿海城市主要污染物排放量的变化趋势进行预测。首先根据数据特征，构建GM（1，N）灰色微分预测模型对2017—2020年浙江省沿海城市污染物排放量进行预测；然后根据预测结果，分别对浙江省沿海城市主要污染物排放量变化趋势进行分析，并对各沿海城市的预测结果进行对比分析，主要得出以下结论：

第一，从浙江省各类污染物排放总量预测结果来看，在2017—2020年间，化学需氧量和总氮的年均下降幅度较大，但仍然是排放量最高的两类污染物。因此建议浙江省政府在现有控制海洋环境保护政策的基础上，进一步

加大对这两类污染物的监管和治理力度，从而从根本上控制这两类污染物的排放量。

第二，从2017—2020年浙江省各类污染物变化率来看，化学需氧量、氨氮、总磷、石油类排放量每年均以不同的速率在减少，但总氮排放量却以每年6.21％的速率在增加，这应当引起相关部门的高度重视。建议从以下方面着手减少总氮排放量：首先，完善总氮排放标准，并严格要求企业按照标准排放。其次，大力推进城市污水处理厂建设，同时鼓励企业改进技术措施，降低污水处理过程中的能耗，使总氮排放量最小化。再次，调整工业结构，完善工业污染治理，比如，对重点行业、重点领域实行强制清洁能源生产。最后，多管齐下，大力防治农业污染源。

第三，从各沿海城市污染物排放预测结果来看，在2017—2020年间，温州市、杭州市、嘉兴市污染物排放总量较大,说明这些市政府还需进一步加大对入海污染物排放的管控力度。由于城市工业废水、生活污水、养殖废水中含有大量污染物，它们直接或者间接被排入海洋，是造成海洋环境污染的直接原因，因此控制污染物入海量尤其重要。

第四，从各市污染物变化率来看，嘉兴市、宁波市污染物排放量年均降低率最小，说明嘉兴市、宁波市的海洋环境保护意识还有待加强。一方面，建议明确地方政府责任，将污染物治理成果与"五水共治"绩效考核相结合，增强相关部门的紧迫感和积极性；另一方面，建议以"污染物对海洋生态的破坏"为主题，通过全面持续的宣传，增强全社会减少污染物排放的意识，形成保护海洋生态环境的良好社会氛围。

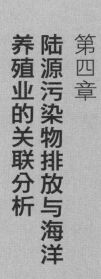

第四章

陆源污染物排放与海洋
养殖业的关联分析

海洋养殖是在浅海、滩涂、港湾、围塘等海域进行饲养和繁殖海洋水生经济动植物的生产方式。无论是从养殖面积还是从总产量上看，中国发达的海洋养殖都位居世界前列。浙江省海洋养殖作为全国水产养殖的中坚力量，充分发挥沿海的区位优势，将海洋养殖发展成为庞大的产业。然而，在浙江省海洋养殖业快速发展的同时，海水污染问题已经成为制约海洋养殖产业可持续发展的瓶颈。尤其是陆源污染物作为海水污染的主要来源，通过污染海水水质，增加养殖产品患病的概率，进而威胁养殖产品的产量和品质。因此，对陆源污染物排放与海洋养殖业的关系进行研究，探索控制海洋养殖产业规模和布局的科学依据，对浙江省海洋养殖业的健康发展具有重要意义。

第一节 | 基本设想与模型设计

陆源污染是海洋环境的主要污染来源。近年来，随着污染物排放量的增加，海洋生态系统越来越脆弱，控制陆源污染物对保护海洋环境至关重要。本节利用《浙江自然资源与环境统计年鉴》中的陆源污染物数据，对不同类型的污染物与海洋养殖产量进行关联性分析，进一步明确影响海洋养殖产量的主要污染物种类。

一、基本设想

本部分的研究步骤如下：首先，根据相关理论，在已有相关研究的基础上，提取历年《浙江自然资源与环境统计年鉴》中的数据，分析各种陆源污染物排放中对海洋养殖业的主要影响因素；其次，依据统计指数的编制思路，借助灰色关联分析法，选取海洋养殖产量作为因变量参考数列，选取化学需氧量、氨氮、总氮、总磷、石油类等排放量作为自变量比较数列，计算各指标与参考序列的关联系数及关联度；最后利用相关数据，动态测度各种陆源污染物排放量与海洋养殖业的关联关系，定性与定量地分析各种污染物排放量对海洋养殖业的主要影响因素，并提出相应对策建议。

二、模型设计

灰色关联分析的基本思想是根据序列曲线几何形状的相似程度来判断其联系是否紧密。曲线越接近，相应序列之间的关联度就越大，反之就越小。关联序列反映了各相关因素对系统特征行为的接近次序，其中关联度最大的为最优因素。可利用关联序列对各相关因素进行排序比较。灰色系统理论以部分信息已知、部分信息未知的"小样本、贫信息"不确定性系统为研究对象，通过对已知信息的生成、开发，提取有价值的信息，实现对系统运行规律的正确认识和确切描述。灰色系统理论认为，一切灰色序列都能通过某种生成弱化其随机性，显现其规律性。灰色关联动态分析的建模步骤如下：

第一步：构造"参考序列"。

所谓参考序列，是指由评价指标体系中各指标的标准值所构成的一个序列，是作为判断被评价对象价值水平的一个参照系，可以视为一个虚拟的被评价单位。通常由样本指标中的极值构成参考序列。若第 i 单位 p 项指标的实际值序列为：

$$X_i = (x_{i1} \quad x_{i2} \quad x_{i3} \quad \cdots \quad x_{ip}) \quad (i=1, 2, \cdots, n) \tag{4.1}$$

则参考序列记为：

$$X_0 = (x_{01} \quad x_{02} \quad x_{03} \quad \cdots \quad x_{0p}) \tag{4.2}$$

其中，标准值 x_{0j}（$j=1, 2, \cdots, p$）通常是取该项指标的最优值（理想值或者最大目标值）。如果参评单位个数较多，也可取样本资料中的最优值。即：

$$x_{0j} = \begin{cases} \max\{x_{ij}/i=1, 2, \cdots, n\}, & \text{对于正指标} \\ \min\{x_{ij}/i=1, 2, \cdots, n\}, & \text{对于逆指标} \end{cases} \quad (j=1, 2, \cdots, p) \tag{4.3}$$

对于适度指标，则需要做单向化处理。

也有文献提出同时使用两个参考序列，即：

最优参考序列：$X_0^{(+)} = (X_{01}^{(+)} \quad X_{02}^{(+)} \quad \cdots \quad X_{0p}^{(+)})$ $\tag{4.4}$

最劣参考序列：$X_0^{(-)} = (X_{01}^{(-)} \quad X_{02}^{(-)} \quad \cdots \quad X_{0p}^{(-)})$ $\tag{4.5}$

显然，此时参考序列值的确定方式可表示如下：

$$x_{0j}^{(+)} = \begin{cases} \max\{x_{ij}/i=1,\ 2,\ \cdots,\ n\}, & \text{对于正指标} \\ \min\{x_{ij}/i=1,\ 2,\ \cdots,\ n\}, & \text{对于逆指标} \end{cases} (j=1,2,\cdots,\ p) \quad (4.6)$$

$$x_{0j}^{(-)} = \begin{cases} \max\{x_{ij}/i=1,\ 2,\ \cdots,\ n\}, & \text{对于逆指标} \\ \min\{x_{ij}/i=1,\ 2,\ \cdots,\ n\}, & \text{对于正指标} \end{cases} (j=1,2,\cdots,\ p) \quad (4.7)$$

第二步：对指标进行无量纲化处理。

目前，在有关灰色系统评价方法文献中较多采用的是"极值化"。我们把经过无量纲化处理的各序列化为：$X_i^*(i=1,\ 2,\ \cdots,\ n)$，$X_0^*$，$X_0^{(+)*}$，$X_i^*$。

每一个评价对象与"参考序列"之间存在的偏差，可通过如下的序列差公式得到：

$$\Delta_{ik} = \left| x_{ik}^* - x_{0k}^* \right| \quad (i=1,\ 2,\ \cdots,\ n;\ k=1,\ 2,\ \cdots,\ p) \quad (4.8)$$

记 $\Delta_i = (\Delta_{i1}\ \Delta_{i2}\ \cdots\ \Delta_{ip})(i=1,\ 2,\ \cdots,\ n)$，它是样本单位实际价值水平离参考水平（通常是最优水平）的绝对距离序列。即：

$$\Delta_i = \left| X_i^* - X_0^* \right| \quad (i=1,\ 2,\ \cdots,\ n;\ k=1,\ 2,\ \cdots,\ p) \quad (4.9)$$

对于两个参考序列，则有相应的两个绝对偏差：

最优偏差：

$$\Delta_{ik}^{(+)} = \left| x_{ik}^* - x_{0k}^{(+)*} \right| (i=1,\ 2,\ \cdots,\ n;\ k=1,\ 2,\ \cdots,\ p) \quad (4.10)$$

最劣偏差：

$$\Delta_{ik}^{(-)} = \left| x_{ik}^* - x_{0k}^{(-)*} \right| (i=1,\ 2,\ \cdots,\ n;\ k=1,\ 2,\ \cdots,\ p) \quad (4.11)$$

相应的序列为：

$$\Delta_i^{(+)} = \left| X_i - X_0^{(+)*} \right| = (\Delta_{i1}^{(+)}\ \Delta_{i2}^{(+)}\ \cdots\ \Delta_{ip}^{(+)})(i=1,\ 2,\ \cdots,\ n) \quad (4.12)$$

$$\Delta_i^{(-)} = \left| X_i - X_0^{(-)*} \right| = (\Delta_{i1}^{(-)}\ \Delta_{i2}^{(-)}\ \cdots\ \Delta_{ip}^{(-)})(i=1,\ 2,\ \cdots,\ n) \quad (4.13)$$

第三步：计算第 i 单位第 k 个指标与参考序列相比较的关联系数 $\xi_i(k)$。$\xi_i(k)$ 是这一类灰色综合评价技术的关键，计算公式为：

$$\xi_i(k) = \frac{\Delta_{\min} + \rho\Delta_{\max}}{\Delta_{ik} + \rho\Delta_{\max}} \quad (i=1,\ 2,\ \cdots,\ n;\ k=1,\ 2,\ \cdots,\ p) \quad (4.14)$$

式中，$\Delta_{\min}$ 与 $\Delta_{\max}$ 分别为所有单位所有指标与参考序列之间的绝对差距中的最小值与最大值；Δ_{ik} 为第 i 单位第 k 个指标与参考序列之间的绝对差距；ρ

为分辨系数，$0 \leqslant \rho \leqslant 1$，一般取 $\rho = 0.5$。

显然，关联系数仍然是一个序列，第 i 单位与相应各参考序列的关联系数序列可分别记为：

$$\xi_i = \begin{bmatrix} \xi_i(1) & \xi_i(2) & \cdots & \xi_i(p) \end{bmatrix} (i=1, 2, \cdots, n) \tag{4.15}$$

$$\xi_i^{(+)} = \begin{bmatrix} \xi_i^{(+)}(1) & \xi_i^{(+)}(2) & \cdots & \xi_i^{(+)}(p) \end{bmatrix} (i=1, 2, \cdots, n) \tag{4.16}$$

$$\xi_i^{(-)} = \begin{bmatrix} \xi_i^{(-)}(1) & \xi_i^{(-)}(2) & \cdots & \xi_i^{(-)}(p) \end{bmatrix} (i=1, 2, \cdots, n) \tag{4.17}$$

可见，$\xi_i(k)$ 与 Δ_{ik} 成反比：第 i 单位与参考序列水平越接近，Δ_{ik} 越小，但 $\xi_i(k)$ 越大。

第四步：根据关联系数序列，计算关联度 γ_i。

关联系数序列反映了一个评价对象在各单项指标上偏离"目标"的相对程度，若将这些相对偏差加以统计综合（合成），即可获得对整个序列"偏离"目标程度的综合测量，因此灰色关联度正是刻画序列"总的相对偏差"程度的指标。

由于不同指标在评价体系中的作用不同，关联度也可以通过加权的方式计算。通常的关联度定义是采用算术平均方式，即：

$$\gamma_i = \sum_{k=1}^{p} \xi_i(k) w_k \ (i=1, 2, \cdots, n) \tag{4.18}$$

也就是说，将第 i 单位全部指标的关联系数进行加权平均，称之为"灰色关联度"。其中，权数 w_k 是指标 k 的重要性。

第二节 | 实证分析

本部分采用 MATLAB 软件，按照上述灰色关联分析的具体步骤，选取海洋养殖产量作为因变量参考数列，选取化学需氧量、氨氮、总氮、总磷、石油类等排放量作为自变量比较数列。采用初始化法对数据进行初始化，得到初值像如表 4.1 所示。

表4.1　污染排放与海洋养殖业的初值像表

指　　标	2011年	2012年	2013年	2014年	2015年	2016年
海洋养殖业	1.00	1.02	1.02	1.03	1.06	1.10
化学需氧量排放量	1.00	0.96	0.92	0.89	0.83	0.56
氨氮排放量	1.00	0.97	0.93	0.89	0.85	0.63
总氮排放量	1.00	1.00	1.02	1.04	0.91	1.35
总磷排放量	1.00	0.93	0.96	1.05	0.87	0.70
石油类排放量	1.00	0.70	0.76	0.52	0.40	0.25

计算可得各指标与参考序列的灰色关联度，具体结果如表4.2所示。

表4.2　污染排放与海洋养殖业的灰色关联系数表

指　　标	2011年	2012年	2013年	2014年	2015年	2016年	灰色关联度
化学需氧量排放量	1.00	0.88	0.82	0.75	0.65	0.44	0.76
氨氮排放量	1.00	0.90	0.82	0.75	0.67	0.48	0.77
总氮排放量	1.00	0.96	1.00	0.98	0.74	0.63	0.88
总磷排放量	1.00	0.82	0.88	0.97	0.70	0.51	0.81
石油类排放量	1.00	0.57	0.62	0.45	0.39	0.33	0.56

由表4.2可知，化学需氧量、氨氮、总氮、总磷等污染物的排放量与海洋养殖产量的灰色关联度均大于0.60，接近于1，而石油类与海洋养殖产量的灰色关联度仅为0.56，说明化学需氧量、氨氮、总氮、总磷的排放对海洋养殖业的影响比较大，而石油类的排放对其影响并不明显。

从单项指标来看，总氮和总磷的排放量对海洋养殖业的影响最大，灰色关联度分别为0.88，0.81；其次是氨氮和化学需氧量的排放量，灰色关联度分别为0.77，0.76；影响最小的是石油类排放量，灰色关联度仅为0.56。这表明，总氮和总磷的排放量是影响海洋养殖产量的主要因素，相关部门可通过治理总氮和总磷等污染物的排放来促进海洋养殖业发展。

第三节 | 小 结

本章借助灰色关联分析法，选取海洋养殖产量作为因变量参考数列，选取化学需氧量、氨氮、总氮、总磷、石油类等排放量作为自变量比较数列，通过计算各指标与参考序列的关联系数及关联度对陆源污染物排放与海洋养殖业的关系进行分析，主要得出以下结论：总氮和总磷的排放量对海洋养殖业的影响最大，氨氮和化学需氧量的排放量次之，相关程度最小的是石油类排放量。

据此，本章从海洋养殖领域水与环境污染程度改善、优化产业结构、增强养殖业免疫水平等方面提出合理控制污染物排放的对策建议。

第一，完善海洋环境治理的法律体系，加大水资源管理与保护工作力度。制定有关文件，严格限制企业和居民的相关污染物尤其是总氮和总磷的排放，做到点源污染防治；各级监督与执法部门做好相关法律法规的贯彻执行和落实工作，保证限制排污总量、环境影响评价等制度的实施；同时要加强对人民群众的环境保护教育，如通过宣传《中华人民共和国环境保护法》《中华人民共和国水污染防治法》等，增强全社会的环保意识，鼓励发展低污染、无污染的绿色产业。

第二，优化产业结构，进一步完善临海地区功能分区，调整升级各类产业结构和布局。兼并、转让或关闭排污量大、耗水量大、治污成本高的企业，开发和引进高科技、高收入、低消耗、低污染的新型项目。除工业外，对农业进行结构升级，推广使用高效、无污染的绿色化肥、生物农药；研发农业环保设施，采用喷灌、微灌等方式来减轻对资源和环境的压力。

第三，在治理源头污染的同时，双管齐下增强养殖业免疫水平。从生物角度入手，以总氮和总磷等污染物的排放量为变量，对其免疫系统和病原进行科学研究，大力研发海洋养殖动物疫病疫苗，开辟缓解陆源污染对海洋养殖业影响的新途径。

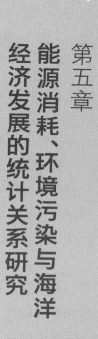

第五章

能源消耗、环境污染与海洋

经济发展的统计关系研究

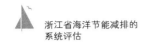
随着对海洋资源开发的不断深入，浙江省海洋经济发展迅猛。与此同时，持续消耗的海洋能源及随之产生的环境污染问题已极大地制约着海洋经济的发展，能源消耗、环境污染与海洋经济发展的矛盾日益突出。如何合理开采和使用能源，实现经济的可持续发展和环境友好发展，是目前浙江省政府亟待解决的难题。

第一节 ｜ 基本思路

本部分借助统计模型，对浙江省能源消耗、环境污染与海洋经济发展之间的关系进行分析和研究，以期为浙江省海洋经济绿色发展提供量化依据。具体研究步骤如下：

首先，在已有相关研究的基础上，考虑数据的可获得性，选取煤炭、焦炭、液化石油气、天然气、电力、汽油等作为能源的主要构成因素，环境污染治理投资总额、废气排放总量、废水排放总量、固体废物产生量作为环境污染排放与治理的主要构成因素，利用海洋生产总值代表海洋经济发展。

其次，依据统计指数的编制思路，借助灰色关联分析法（具体原理参考第四章中第一节的模型设计部分，此处不再赘述），选取海洋生产总值作为因变量参考数列，选取煤炭、焦炭、液化石油气、天然气、电力、汽油、环境污染治理投资等作为自变量比较数列，计算各指标与参考序列的关联系数及关联度。

最后，利用《浙江省海洋环境公报》、中国能源数据库和《浙江自然资源与环境统计年鉴》的相关数据，选取上述能源消耗因素、环境污染排放与治理和海洋生产总值分别对浙江省沿海地区能源消耗、环境污染治理投资对海洋生产总值的影响及能源消耗对环境污染治理投资和环境污染的影响进行分析。本节中用到的指标可见表5.1。

表5.1　能源消耗、环境污染与海洋经济发展影响因素相关指标与数据

影响因素	指　　标	数据来源
能源消耗	电力消费量、煤炭消费量、焦炭消费量、天然气消费量、液化石油气消费量、汽油消费量、煤油消费量、柴油消费量、燃料油消费量、外购热力消费量	中国能源数据库
污染排放与治理	环境污染治理投资总额、废气排放总量、废水排放总量、固体废物产生量	《浙江自然资源与环境统计年鉴》
海洋经济发展	海洋生产总值	《浙江省海洋环境公报》

第二节 │ 实证分析

在上述思路的基础上，本节结合浙江省海洋节能减排相关数据，从浙江省沿海地区能源消耗、环境污染对海洋生产总值的影响及能源消耗对环境污染治理投资和环境污染的影响3方面系统地分析能源消耗、环境污染与海洋经济发展之间的关系。

一、能源消耗、环境污染与海洋经济发展研究

采用MATLAB软件，按照上述灰色关联分析的具体步骤，选取海洋生产总值作为因变量参考数列，选取煤炭、焦炭、液化石油气、天然气、电力、煤气、汽油、环境污染治理投资总额等作为自变量比较数列，如表5.2所示。

表5.2　能源消耗、环境污染与海洋生产总值的初值像

指　　标	2011年	2012年	2013年	2014年	2015年	2016年
海洋生产总值	1	1.11	1.21	1.29	1.39	1.52
电力消费量	1	1.03	1.11	1.13	1.14	1.24
煤炭消费量	1	0.97	0.96	0.94	0.94	0.94
焦炭消费量	1	0.96	0.95	0.99	0.91	0.70
天然气消费量	1	1.10	1.29	1.78	1.83	2.00
液化石油气消费量	1	0.97	0.41	0.62	0.76	1.17

指　　标	2011年	2012年	2013年	2014年	2015年	2016年
汽油消费量	1	1.09	1.09	1.10	1.16	1.23
煤油消费量	1	1.07	1.23	1.39	1.52	1.70
柴油消费量	1	0.98	0.99	0.97	1.01	0.92
燃料油消费量	1	0.89	0.89	0.92	0.88	1.03
外购热力消费量	1	1.03	1.13	1.10	1.20	1.31
环境污染治理投资总额	1	1.47	3.00	3.52	3.17	3.13

计算可得各指标与参考序列的灰色关联度，具体结果如表5.3所示。

表5.3　能源消耗、环境污染治理投资与海洋生产总值的灰色关联度

指　　标	2011年	2012年	2013年	2014年	2015年	2016年	灰色关联度
电力消费量	1	0.93	0.91	0.87	0.82	0.80	0.89
煤炭消费量	1	0.89	0.81	0.76	0.71	0.66	0.80
焦炭消费量	1	0.88	0.81	0.79	0.70	0.58	0.79
天然气消费量	1	0.98	0.93	0.70	0.72	0.70	0.84
液化石油气消费量	1	0.89	0.58	0.62	0.64	0.76	0.75
汽油消费量	1	0.98	0.90	0.85	0.83	0.80	0.89
煤油消费量	1	0.96	0.98	0.92	0.90	0.86	0.94
柴油消费量	1	0.89	0.83	0.78	0.75	0.65	0.82
燃料油消费量	1	0.83	0.77	0.75	0.69	0.70	0.79
外购热力消费量	1	0.93	0.93	0.85	0.85	0.84	0.90
环境污染治理投资总额	1	0.76	0.38	0.33	0.38	0.41	0.54

由表5.3可以看出，能源消耗与海洋生产总值的灰色关联度均大于0.60，说明沿海城市能源消耗对海洋生产总值影响较大，即能源消耗越多，海洋经济越发达。相对而言，环境污染治理投资与海洋生产总值的灰色关联度小于0.60，表明环境污染治理投资对海洋生产总值的影响不显著，进一步说明了增加环境污染治理投资不会明显改善海洋经济发展。

从单项指标来看，煤油消费量和外购热力消费量对海洋生产总值的影响最大（灰色关联度分别为0.94，0.90），其次是汽油消费量和电力消费量（灰

色关联度均为 0.89），之后依次是天然气消费量（0.84）、柴油消费量
（0.82）、煤炭消费量（0.80）、焦炭消费量（0.79）、燃料油消费量（0.79）和
液化石油气消费量（0.75），说明在浙江省海洋经济发展过程中，煤油和外购
热力的相对用量较大，因此对海洋经济发展的影响较大。

二、能源消耗对环境污染治理投资的影响分析

按照上述灰色关联分析的具体步骤，本部分选取环境污染治理投资作为
因变量参考数列，选取煤炭、焦炭、液化石油气、天然气、电力、汽油等消
费量作为自变量比较数列。

采用初始化法对数据进行初始化，得到初值像。再计算各指标与参考序
列的关联系数及关联度，具体结果如表5.4所示。

表5.4　能源消耗与环境污染治理投资的灰色关联度

指　　标	2011年	2012年	2013年	2014年	2015年	2016年	灰色关联度
电力消费量	1	0.77	0.43	0.38	0.42	0.43	0.57
煤炭消费量	1	0.74	0.41	0.36	0.39	0.40	0.55
焦炭消费量	1	0.74	0.41	0.36	0.39	0.37	0.55
天然气消费量	1	0.79	0.46	0.45	0.52	0.56	0.63
液化石油气消费量	1	0.74	0.36	0.33	0.38	0.42	0.54
汽油消费量	1	0.79	0.43	0.37	0.42	0.43	0.57
煤油消费量	1	0.78	0.45	0.40	0.47	0.50	0.60
柴油消费量	1	0.75	0.42	0.36	0.40	0.40	0.55
燃料油消费量	1	0.71	0.41	0.36	0.39	0.41	0.55
外购热力消费量	1	0.77	0.44	0.37	0.42	0.44	0.57

由表5.4可知，天然气和煤油的消费量与环境污染治理投资的灰色关联度
均大于等于0.60，说明天然气和煤油的消费量对环境污染治理投资的影响较
大。而汽油、外购热力、电力、柴油、煤炭、焦炭、燃料油和液化石油气的
消费量对环境污染治理投资的影响并不显著。这说明，浙江省对天然气和煤
油污染的治理力度比较大，与浙江省目前的发展状况相符合。

三、能源消耗与环境污染的灰色关联分析

本部分采用灰色关联分析法，选取废气排放总量、废水排放总量、固体废物产生量作为因变量参考数列，选取煤炭、焦炭、液化石油气、天然气、电力、汽油等消费量作为自变量比较数列，计算可得各指标与参考序列的灰色关联度，具体结果如表5.5所示。

表5.5　能源消耗与环境污染的灰色关联度

指　　标	废水排放总量	废气排放总量	固体废弃物产生量
电力消费量	0.76	0.86	0.85
煤炭消费量	0.89	0.91	0.92
焦炭消费量	0.93	0.89	0.87
天然气消费量	0.59	0.61	0.60
液化石油气消费量	0.80	0.72	0.72
汽油消费量	0.75	0.85	0.84
煤油消费量	0.65	0.69	0.68
柴油消费量	0.86	0.94	0.94
燃料油消费量	0.89	0.84	0.86
外购热力消费量	0.75	0.84	0.83

根据表5.5发现，能源消耗与环境污染之间的关联度基本大于0.60，说明能源消耗与环境污染问题之间存在显著的关联性。从能源消耗指标的影响程度上看，柴油和煤炭消费量的影响程度最大（平均值分别为0.91，0.91），其次是焦炭和燃料油消费量（平均值分别为0.90，0.86），之后依次是电力消费量（0.82）、汽油消费量（0.81）、外购热力消费量（0.81）、液化石油气消费量（0.75）、煤油消费量（0.67）和天然气消费量（0.60）。显然，柴油和煤炭消费量对污染排放的影响最大，而天然气消费量的影响较小，这为浙江省大力提倡使用天然气等清洁能源提供了定量依据。

从能源消耗的单项指标来看，柴油和煤炭消费量与固体废弃物产生量和废气排放总量的关联度最高，其次是废水排放总量。也就是说，在柴油和煤炭消费带来的环境污染问题中，废气和固体废弃物的排放量较大，废水排放量相对较小。而焦炭、燃料油和液化石油气消费量与废水排放总量的关联度

较高，固体废弃物产生量和废气排放总量次之。相关部门在解决废气和固体废弃物（废水）污染问题时必须减小柴油和煤炭（焦炭、燃料油和液化石油气）的消费量。

从环境污染的单项指标来看，废水排放总量与能源消耗的关联度均值（0.79）低于废气排放总量（0.82）和废渣（0.81），可见浙江省在废水治理方面已经取得一定的效果，但效果并不明显，仍然需要加强。

第三节 | 小 结

本章根据《浙江省海洋环境公报》、中国能源数据库和《浙江自然资源与环境统计年鉴》的相关数据，借助灰色关联分析法，对浙江省沿海地区能源消耗、环境污染治理投资对海洋生产总值的影响及能源消耗对环境污染治理投资和环境污染的影响进行分析，可以得出以下结论：

第一，由能源消耗、环境污染治理投资与海洋生产总值的灰色关联分析结果可知，沿海城市的能源消耗量对海洋生产总值的影响较大，且能源消耗越多，海洋经济越发达。其中，煤油和外购热力的消费量对海洋经济的发展的影响最大。相对而言，环境污染治理投资与海洋生产总值的灰色关联度较小，说明环境污染治理投资对海洋经济的发展没有起到显著的促进作用。

第二，由能源消耗对环境污染治理投资的灰色关联分析结果可知，天然气和煤油的消费量对环境污染治理投资的影响较大，而汽油、外购热力、电力等其他因素的消费量对环境污染治理投资的影响并不显著。这说明浙江省对天然气和煤油污染的治理力度比较大，与浙江省目前的发展状况相符合。

第三，由能源消耗与环境污染的灰色关联分析结果可知，能源消耗与环境污染问题之间存在显著的关联度。其中，柴油和煤炭的消费量的影响程度最大。且在柴油和煤炭消费带来的环境污染问题中，废气和固体废弃物排放量大于废水排放量。因此，相关部门可以通过减小柴油和煤炭（焦炭、燃料油和液化石油气）的消费量来解决废气和固体废弃物的污染问题。

在上述结论的基础上，本章从推进能源结构改革和提高能源利用效率等

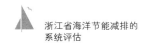

方面提出合理控制能源使用的对策建议。

第一，控制柴油和煤炭的使用，推进能源结构改革。由上述分析可知，柴油和煤炭是污染的主要来源，且污染物以废气和固体废弃物为主要排放形式。因此，浙江省相关部门应该控制传统能源的使用，鼓励居民使用新能源、可再生能源，促进海洋产业能源结构改革，进而降低污染物的排放量。同时，浙江省相关部门可以加大对废气和固体废弃物的监管与治理力度，加大对污染物排放超标企业的惩罚力度。

第二，提高汽油、外购热力、电力等能源的利用效率。由于环境污染治理投资在汽油、外购热力、电力等的消费量方面的影响效果不显著，建议浙江省相关部门转变现有环境污染治理投资模式，以企业为单位，落实污染处理设备的使用情况。同时，建立健全海洋环境污染类法律规范，促使企业高效利用汽油、电力等能源，并惩罚浪费资源的企业。

第六章

沿海城市的能源效率
评估与分析

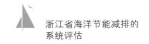
目前，浙江省沿海地区借助区位优势及对外开放的有利条件，促使海洋经济发展良好。能源作为浙江省海洋经济发展的重要生产要素，存在消耗量大、利用率低下、污染严重等问题，尤其是大量的二氧化碳等温室气体的排放问题。在此背景下，浙江省将节能减排、提高能源效率作为重要任务之一。因此，通过评估浙江省沿海城市的能源效率，可以提高政府部门相关工作的针对性和有效性，有效提升浙江省沿海城市的节能降耗水平。

第一节 | 基本思路与设计

海洋能源是海洋经济发展过程中重要的生产资源，但是过多的能源消耗往往伴随着环境污染。为实现海洋经济的可持续发展，必须考虑对海洋能源有效利用情况。本节以浙江省沿海城市为研究对象，根据海洋效率的定义构建沿海城市能源效率指标体系，并利用数据包络分析模型进行沿海地区能源利用效率的测算，同时比较分析不同地区效率差异所在。

一、研究思路

本部分以浙江省各沿海城市为研究对象，通过构建能源效率评估模型对浙江省各沿海城市的能源效率进行系统评估。具体研究步骤如下：

首先，考虑数据的可获得性，从能源效率的含义出发，构建沿海城市能源效率评估的投入产出模型，选取煤炭消耗量、石油消耗量和天然气消耗量等作为投入指标，总产值作为经济产出指标，此外还需考虑能源消耗的污染物产出对环境的影响，如使用二氧化硫产生量、烟（粉）尘产生量等指标来衡量环境影响；

其次，依据统计指数的编制思路，借助数据包络分析法（Data Envelopment Analysis，DEA）确定指标权重，并完成测算模型的合成；

最后，利用环境报表统计制度的相关数据，分别从浙江省沿海城市的能源效率、松弛变量、剩余变量等多个角度进行测算，并剖析效率差异的原因。

二、模型设计

本部分以能源效率的含义为切入点，构建沿海城市能源效率评估的投入产出模型，并以构建的投入产出模型为基础，利用DEA法进行效率测算。

（一）能源效率指标体系的构建

国外学者对于能源效率的界定，普遍分为经济能源效率和物理能源效率两类。经济能源效率是指把能源作为燃料和动力时，能源投入与最终生产成果之比；而把能源作为原材料，经过加工转换生产出另一种形式的能源，这种能源投入与产出之比被称为物理能源效率。由于海洋节能减排相关数据的特殊性，本研究认为，沿海城市能源效率应该侧重于能源的消耗对环境的影响程度。

基于上述分析，本部分将能源效率定义为在给定燃料和动力作为投入能源的条件下实现最小环境影响的能力。

本部分在前述学者研究的基础上，从能源效率的含义出发，构建了沿海城市能源效率评估的投入产出模型，选取了煤炭消耗量、石油消耗量、天然气消耗量等作为投入指标，工业总产值作为经济产出指标，此外还考虑了能源消耗的污染物产出对环境的影响，如用二氧化硫产生量、烟（粉）尘产生量等指标来衡量环境影响。具体指标体系见表6.1。

表6.1　沿海城市的能源效率评估指标体系

一级指标	二级指标	数据来源
投入指标	煤炭消耗量	各地级市统计年鉴
	石油消耗量	各地级市统计年鉴
	天然气消耗量	各地级市统计年鉴
产出指标	工业总产值	各地级市统计年鉴
	二氧化硫产生量	《浙江自然资源与环境统计年鉴》
	烟（粉）尘产生量	《浙江自然资源与环境统计年鉴》

（二）数据包络分析模型

DEA是评价相同类型投入和产出的若干决策单元（Decision Making Units，DMU）相对效率的有效方法。这种方法基于单目标线性规划，在生产

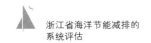
可能集内固定投入而将产出尽量扩大，产出的最大扩大比率的倒数被定义为决策单元的相对效率，这被称为产出DEA模型。

对于一个确定的项目，假设有n个决策单元，每个决策单元都有m个输入指标和s个输出指标，分别为评级单元DUM的输入、输出指标数据。对输入、输出进行综合化管理，将多维数组有理化转化为一维数组，引入一组权重系数$v(v_1, v_2, \cdots, v_m)^{\mathrm{T}}$，$u(u_1, u_2, \cdots, u_s)^{\mathrm{T}}$，即选取适当的权系数$v$和$u$，使被评价决策单元DUM的效率指数$h_0$为最大，并以效率指数$h_j \leqslant 1$为约束，构成DEA优化模型。

为了方便进行DEA的有效性评价，本部分引入松弛变量和非阿基米德无穷小量ε，重新构建模型：

$$
\left\{
\begin{array}{l}
\min\left[\theta - \varepsilon\left(e_1^{\mathrm{T}} s^- + e_2^{\mathrm{T}} s^+\right)\right] \\
\mathrm{s.t.} \sum\limits_{j=1}^{n} \lambda_j x_j + s^- = \theta x_0 \\
\sum\limits_{j=1}^{n} \lambda_j - s^+ = y_0 \\
\rho \sum\limits_{j=1}^{n} \lambda_j = \rho, \ \rho = 0\text{或}1 \\
\lambda_j \geqslant 0, \ j = 1,2,\cdots,n) \\
s^- \geqslant 0, \ s^+ \geqslant 0
\end{array}
\right\}
\tag{6.1}
$$

其中，$s^- = (s_1^-, s_2^-, \cdots, s_m^-)^{\mathrm{T}}$，$s^+ = (s_1^+, s_2^+, \cdots, s_r^+)^{\mathrm{T}}$分别为输入、输出松弛变量。

第二节 | 实证分析

以浙江省各个沿海城市为决策单元，选取煤炭消耗量、石油消耗量、天然气消耗量等作为投入指标，工业总产值、二氧化硫产生量、烟（粉）尘产生量等指标作为产出指标。各地区指标的原始数据可见表6.2。

表6.2　浙江省沿海城市的投入与产出指标

地　区	煤炭消耗量(吨)	石油消耗量(吨)	天然气消耗量（万立方米）	工业总产值(亿元)	二氧化硫产生量(吨)	烟(粉)尘产生量(吨)
杭州市	11 584 071	11 005	1 282 771.976	11 584 071	11 005	1 282 771.976
宁波市	34 895 049	468 240.01	1 109 392.721	34 895 049	468 240.01	1 109 392.721
温州市	1 291 647	6853	867 237.39	1 291 647	6853	867 237.39
嘉兴市	16 391 455	8132	437 062.290 5	16 391 455	8132	437 062.290 5
台州市	13 855 653	2669	46 704.179 4	13 855 653	2669	46 704.179 4
绍兴市	9 537 949	1750	956 710.292	9 537 949	1750	956 710.292

　　本部分采用DEA模型评价各个决策单元的能源效率水平，并将其进一步分解为纯技术效率和规模效率，测算结果如表6.3所示。

表6.3　浙江省沿海城市的能源效率测算结果

地　区	能源效率	纯技术效率	规模效率
杭州市	1	1	1
宁波市	0.87	1	0.87
温州市	1	1	1
嘉兴市	1	1	1
台州市	1	1	1
绍兴市	1	1	1

　　从能源效率来看（见表6.3），浙江省沿海城市中，杭州市、温州市、嘉兴市、台州市和绍兴市的能源效率是DEA有效的，这5个城市构成了浙江省沿海城市能源效率的前沿面。宁波市的能源效率最低，仅为0.87。在规模可变的条件下，对于非DEA有效的地区可以分别考察其技术有效性和规模有效性。在非DEA有效的地区中，宁波市均是纯技术有效而非规模有效，说明宁波市按照现有的产出计算，其投入不可能再减少。

　　整体来看，除杭州市外，能源效率有效的城市中，其能源经济效率和能源环境效率也均有效。

　　从能源经济效率和能源环境效率两方面看，杭州市能源环境有效，而能

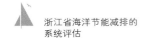
源经济无效，说明杭州市能源的消耗并没有实现有效的经济产出。宁波市的能源环境效率小于能源经济效率，这说明在投入一定的情况下，宁波市实现了较高的经济产出，但同时也产生了较大的环境问题。

第三节 | 小 结

本章从能源效率的含义出发，构建沿海城市能源效率评估的投入产出模型，分别从浙江省沿海城市的能源效率、松弛变量、剩余变量等多个角度进行测算，并剖析效率差异的原因，主要得出以下结论：

第一，从能源效率来看，浙江省沿海城市中杭州市、温州市、嘉兴市、台州市和绍兴市的能源效率是 DEA 有效的，而宁波市的能源效率最低，且是纯技术有效而非规模有效，表明在现有的产出水平下，宁波市的投入无法再减少。

第二，从能源经济效率和能源环境效率的比较看，温州市、嘉兴市、台州市和绍兴市的能源经济和能源环境均有效。与之不同的是，杭州市能源环境虽有效，但能源经济无效，这主要是因为石油的消耗量较大，并没有实现充分的经济产出。宁波市的能源经济效率和能源环境效率均较低，且前者大于后者，表明宁波市较高的经济产出是以较大的环境问题作为代价的。

基于上述分析，本部分提出以下政策建议：

第一，继续保持能源效率高的城市的发展优势，推动其产业结构改革。由于温州市、嘉兴市、台州市和绍兴市能源经济和能源环境均有效，建议浙江省相关部门继续保持其在经济发展和节能减排方面的优势，从而促进产业结构转型升级，提高海洋经济在国民经济中的比重，促进建设环境友好型社会。

第二，提高杭州市海洋产业的石油利用率，这是杭州市的能源经济无效，且主要是由石油消耗量过大造成的。因此，杭州市相关部门应该提高对石油的相关监管政策力度和政策目标。同时，鼓励杭州市海洋相关企业采用新技术，运用新能源，从源头上提高石油的利用率，并控制石油的使用。

第三，提升宁波市能源转化率。考虑到宁波市能源经济效率和能源环境效率均较低，建议相关部门加快海洋相关企业的技术改革，优化产业结构和能源消费结构。同时，对于能源节约和转化率高等方面的技术创新给予一定的政策支持，保证经济的快速发展伴随着能源转化率的提高。

第七章
海洋节能减排绩效评估

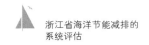
为更好地完成浙江省"十三五"期间的节能减排目标，提高能源利用效率和改善生态环境，落实节约资源和保护环境的基本国策，以加快建设资源节约型、环境友好型社会，本章根据浙江省海洋节能减排的有关数据，对浙江省海洋节能减排工作的绩效及状况进行定量分析，这对于提升浙江省海洋节能减排措施的科学性具有重要意义。

第一节 | 基本界定

本章利用现有数据，通过构建海洋节能减排绩效评估指标体系对浙江省各沿海城市节能减排绩效进行系统评估。具体研究步骤如下：首先，考虑海洋节能减排相关数据的特殊性，从海洋节能减排的含义出发，根据"十三五"期间浙江省节能减排的发展目标，结合国内外理论界关于海洋节能减排已有的相关研究，从能源消耗、能源消费结构、污染物排放、污染物处理及利用、污染治理等5个方面出发，设计了浙江省海洋节能减排绩效评估指标体系；其次，依据统计指数的编制思路，借助Delphi-AHP法确定指标权重，并对测算模型进行合成；最后，利用《浙江省海洋环境公报》和《浙江自然资源与环境统计年鉴》的相关数据，分别对浙江省各沿海城市的海洋节能减排绩效进行测算与分析。

节能减排在含义上有广义和狭义之分。就广义而言，节能减排是指节约物质资源和能量资源，减少废弃物和环境有害物（包括"三废"和噪声等）的排放；就狭义而言，节能减排是指节约能源，减少环境有害物的排放。简而言之，节能减排就是节约能源，降低能源消耗，减少污染物排放。

"十三五"规划提出浙江省节能减排的主要目标是：到2020年，万元国内生产总值能耗比2015年下降17%，能源消费增量控制在2380万吨标准煤以内；化学需氧量、二氧化硫、氨氮、氮氧化物等主要污染物排放总量分别减少19.2%，17%，17.6%和17%，挥发性有机物排放总量比2015年下降20%以上。从"十三五"规划来看，浙江省更加关注水与能源消耗和主要污染物排放总量的情况。

海洋节能减排有"前端""中端""末端"3个阶段。末端减排侧重于点源治理，多采用工程技术方法，针对污染物产生后的污染治理；中端减排指的是在社会经济运行过程中，工业行业实施全过程技术管理，通过技术进步和清洁生产减少污染，提高经济发展水平和质量；前端减排是指转变生产方式，优化经济结构，发展绿色低碳经济、循环经济，加强生态保护，从源头遏制污染的产生。

海洋节能减排的3个阶段，结合"十三五"规划目标，即海洋节能减排指数在合理的能源消费结构（前端）基础上，考虑水与能源消耗和污染物排放总量及平均水平的同时，也要从（中端）技术层面考虑污染物综合利用、无害化处理等相关情况，同时要从与社会息息相关的环境方面，考量节能减排治理的实施效果。基于以上对概念的理解，我们将在下文开展测算模型与方法的设计。

第二节 | 模型与方法

本节在节能减排含义的基础上，结合国内外相关节能减排文献，构建节能减排绩效评估体系，再利用Delphi-AHP法循环确定指标权重，采用逐级加权汇总的方法，形成海洋节能减排绩效指数，从而反映浙江省沿海城市节能减排绩效的基本情况。

一、海洋节能减排指标体系的构建

从海洋节能减排的含义出发，考虑到前文所述"十三五"期间浙江省节能减排的发展目标，结合国内理论界关于海洋节能减排已有的相关研究，经过深入分析和反复比较，在理论性与可行性均衡协调的基础上，我们从节能减排"前端、中端、末端"的视角设立了关于能源消耗、能源消费结构、污染物排放、污染物处理及利用、污染治理等5个方面的指标体系。

从二级指标来看，通过对能源消耗的平均水平进行检测，反映出目前浙江省节能工作的整体平均状况。能源消费结构立足于前端角度，通过主要能源的消费占比反映浙江省能源消费结构的情况。污染物排放包括通过整个经济循环过程排放出来的固体废弃物、废水和废气3个方面，反映浙江省主要污染物排放情况。污染物处理及利用立足于中端的视角，以有限资源的利用产生最少的污染物为目标，反映通过对污染物的适当处理对环境的污染破坏降低程度。污染治理则是从末端的角度，反映沿海城市、县因环境污染而采取的预防与治理措施的投资强度。具体情况详见表7.1。

表7.1　海洋节能减排绩效评估指标体系

一级指标	二级指标	三级指标	单　　位	数据来源
节能指标	能源消耗	单位海洋生产总值能耗[①]	吨标准煤/万元	《浙江省海洋环境公报》《浙江自然资源与环境统计年鉴》
		单位海洋生产总值电耗	千瓦时/万元	
		单位海洋生产总值水耗	立方米/万元	
	能源消费结构	煤炭消费量占比	吨	
		天然气消费量占比	立方米	
		石油消费量占比	吨	
		电力消费量占比	千瓦时	
减排指标	污染物排放	工业固体废弃物产生量	吨	
		工业废水排放总量	吨	
		工业废气排放总量	立方米	
	污染物处理及利用	工业二氧化硫去除量	吨	
		工业COD去除率	%	
		工业烟（粉）尘去除量	吨	
		工业废水氨氮去除率	%	
		工业固体废物综合利用率	%	
	污染治理	工业废水治理设施本年运行费用	万元	
		工业废气治理设施本年运行费用	万元	
		环境污染治理投资占地区生产总值比重	%	

二、指数化变换

由于前述指标体系中，很多指标是总量形式，为了编制海洋节能减排指

---

① 根据数据的可获得性,海洋生产总值由规模以上工业生产总值代替,下同。

数，需要对所有指标进行指数化变换。常用的方法是广义指数法，有：

$$k_j = \begin{cases} x_i/x_{iB} & （正指标） \\ x_{iB}/x_i & （逆指标） \end{cases} \tag{7.1}$$

式中，k_j 为经济指标指数；x_i，x_{iB} 分别为第 i 个指标的实际值与标准值。若 x_{iB} 是固定不变的，即上式为定基指标指数化方法。一般来说，x_{iB} 有 3 种不同的选择方式：

（1）极值化：当 x_{iB} 取全部参评单元（n 个）该指标的最优值时，即第 i 个指标的标准值为

$$x_{iB} = \max(x_{i1}, x_{i2}, x_{i3}, \cdots, x_{in}) = x_{i\max}(i=1, 2, \cdots, p) \quad （正指标） \tag{7.2}$$

$$x_{iB} = \min(x_{i1}, x_{i2}, x_{i3}, \cdots, x_{in}) = x_{i\min}(i=1, 2, \cdots, p) \quad （逆指标） \tag{7.3}$$

（2）均值化：当 x_{iB} 取全部参评单元（n 个）该指标的统计平均值（一般是简单算术平均数，但实践中也可根据具体问题采用加权算术平均或其他平均值）时，即第 n 个指标的标准值为：

$$x_{iB} = \frac{1}{n}\sum_{j=1}^{n} x_{ij} \quad (i=1, 2, \cdots, p) \tag{7.4}$$

（3）比重法：当 x_{iB} 取全部参评单元（n 个）该指标的总和时，即第 i 个指标的标准值为：

$$x_{iB} = \sum_{j=1}^{n} x_{ij} \quad (i=1, 2, \cdots, p) \tag{7.5}$$

当实际值等于标准值时，单项指数等于1；当实际值优于标准值时，单项指数大于1；当实际值劣于标准值时，单项指数小于1。在实践中，为了使单项评价值的物理含义更加明确，人们常常将上述结果乘上一个常数（一般是100），并将其称为"当量分值"（以区别于"当量系数"），记为 F_{ki}，于是有：

$$F_{ki} = \begin{cases} 100 \times x_i/x_{iB} & （正指标） \\ 100 \times x_{iB}/x_i & （逆指标） \end{cases} (i=1, 2, \cdots, p) \tag{7.6}$$

需要说明的是，由于海洋节能减排指数是由多个评价指标综合而成的，为了保证不同指标之间能够进行有效合成，在完成数据的收集和净化处理后，需要先对原始数据进行同度量化处理（标准化处理）。考虑到海洋节能减排指数的数据特征，本部分采用极值化方法对指标进行同度量化处理。

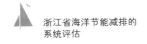
三、指标权重

在编制海洋节能减排指数的过程中，由于不同的指标所包含的评价含义或者评价信息量不尽相同，需要根据评价目标与指标特点给每一指标确定权值。一般来说，越是重要的评价指标（即与评价目标关系越密切），就越应该赋予更大的权数。权数是衡量单个评价指标在整个评价体系中相对重要程度的一个测度。

指标权重的确定方法按其主客观性的不同可分为主观构权法与客观构权法。客观构权包括主成分分析法、熵值法等由系统根据数据分布特征直接确定的权属方法。主观构权法则包括AHP法、德尔菲法等有"主观评分"含义的方法。在实际应用中，还可以采用主客观结合的方法构造权重。

鉴于各指标要素的影响和作用各不相同，在进行比较评价测度时，需区别对待，即权重分配上要有所不同。在海洋节能减排指数的编制过程中，采用Delphi–AHP法（见表7.2）进行权重分配。步骤如下：

① 组建海洋节能减排相关领域的专家小组，并将海洋节能减排指标体系及比例标度参考表提供给专家；

② 各专家独立地按AHP法给出比例判断矩阵；

③ 采用4阶对称均值比指标 $v_{ij}^{(4)}$ 测度专家意见分歧度，设第 k 位专家所赋判断矩阵为 $A(k)=[a_{ij}(k)]_{n\times n}(k=1,2,\cdots,m)$，通过极差法取临界点为 0.8998，如果 $v_{ij}^{(4)}\geqslant 0.8998$，则退出 Delphi 循环，认为专家意见一致性检验较好。否则，需要进行下一轮的 Delphi 法，直到专家们的意见分歧水平可接受为止；

④ 将专家意见合成，先求每位专家的 AHP 判断矩阵的权重，计算其平均值即可得出最终权重。

表7.2　Delphi-AHP法循环

Delphi循环		指标1	...	指标n
第1步	1	$[a_{ij}(1)]_{n \times n}$		
	...	...		
	m	$[a_{ij}(m)]_{n \times n}$		
	平均值$M(4)$	$[M_{ij}(4)]_{n \times n} = [(\frac{1}{m} \sum_{k=1}^{m} a_{ij}(k)^4)^{1/4}]_{n \times n}$		
	4阶对称均值比指标$V^{(4)}$	$[v_{ij}^{(4)}]_{n \times n} = [\frac{M_{ij}(-4)}{M_{ij}(4)}]_{n \times n}$		
...	...	...		
第n步	1	$[a_{ij}(1)]_{n \times n}$		
	...	...		
	m	$[a_{ij}(m)]_{n \times n}$		
	平均值$M(4)$	$[M_{ij}(4)]_{n \times n} = \{[\frac{1}{m} \sum_{k=1}^{m} a_{ij}(k)^4]^{1/4}\}_{n \times n}$		
	4阶对称均值比指标$V^{(4)}$	$[v_{ij}^{(4)}]_{n \times n} = [\frac{M_{ij}(-4)}{M_{ij}(4)}]_{n \times n}$		

根据上面的Delphi-AHP法计算步骤，得到了浙江省海洋节能减排相关的各个指标的权重，结果如表7.3所示。

表7.3　浙江省海洋节能减排绩效评价指标体系权重

一级指标	二级指标	三级指标	权重
节能指标(0.54)	能源消耗(0.60)	单位海洋生产总值能耗	0.37
		单位海洋生产总值电耗	0.28
		单位海洋生产总值水耗	0.35
	能源消费结构(0.40)	煤炭消费量占比	0.28
		天然气消费量占比	0.26
		石油消费量占比	0.24
		电力消费量占比	0.22

一级指标	二级指标	三级指标	权　重
减排指标(0.46)	污染物排放(0.35)	工业固体废弃物产生量	0.33
		工业废水排放总量	0.35
		工业废气排放总量	0.32
	污染物处理及利用(0.30)	工业二氧化硫去除量	0.29
		工业COD去除率	0.22
		工业烟(粉)尘去除量	0.15
		工业废水氨氮去除率	0.16
		工业固体废物综合利用率	0.18
	污染治理(0.35)	工业废水治理设施本年运行费用	0.40
		工业废气治理设施本年运行费用	0.25
		环境污染治理投资占地区生产总值比重	0.35

四、海洋节能减排指数的计算方法

依据上述指标值，采用逐级加权汇总的方法，形成能反映浙江省沿海城市海洋节能减排绩效的指数，具体计算说明如下。

二级指标 y_{ij} 由三级指标加权综合而成，计算公式为 $y_{ij} = \sum_{k=1}^{n_k} w_{ijk} y_{ijk}$。其中，$i$ 表示一级指标，j 表示二级指标，k 表示三级指标，w_{ijk} 表示相应三级指标的权数。

一级指标 y_i 由二级指标加权综合而成，计算公式为 $y_i = \sum_{j=1}^{n_j} w_{ij} y_{ij}$。其中，$w_{ij}$ 表示二级指标权重。

节能减排总指数由一级指标加权综合而成，计算公式为 $y = \sum_{i=1}^{n_j} w_i y_i$。其中，$w_i$ 表示一级指标相应权数。

第三节 | 测算结果与分析

本节利用Delphi-AHP法，结合《浙江省海洋环境公报》《浙江自然资源与环境统计年鉴》等相关数据，测算得到浙江省沿海城市海洋节能减排绩效指数，并通过分析沿海城市节能减排绩效指标体系的分项指标，进一步了解各城市海洋节能减排的优劣势。

一、一级指数的测算结果

根据浙江省海洋节能减排的有关数据，结合前文构建的指标体系及Delphi-AHP法确定的指标权重，对杭州、宁波、温州、嘉兴、绍兴、舟山、台州7个沿海市的海洋节能减排绩效进行测算。结果如表7.4所示。

表7.4　2016年浙江省沿海城市节能减排绩效的一级指数测评结果

地　区	节能指数	减排指数	节能减排绩效指数	排　名
舟山市	67.14	70.33	68.61	1
台州市	74.07	53.83	64.76	2
绍兴市	39.19	68.97	52.89	3
宁波市	44.94	50.44	47.47	4
嘉兴市	39.23	52.92	45.53	5
杭州市	39.16	48.92	43.65	6
温州市	44.81	41.71	43.39	7

从表7.4中可以看出，浙江省沿海城市节能减排绩效指数中较高的是舟山市（68.61）和台州市（64.76），其次是绍兴市（52.89）、宁波市（47.47）和嘉兴市（45.53），而杭州市（43.65）和温州市（43.39）较低。从构成指数的分项指标来看，舟山市的节能指数和减排指数均较高是其优于其他城市的主要原因，台州市节能指数较高是其位居浙江省沿海城市节能减排绩效指数第二的主要原因，绍兴市和宁波市分别位居第三和第四则得益于减排指数较高，而嘉兴市和杭州市的节能指数较低是其节能减排绩效指数较低的重要原

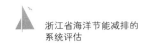
因，与之不同，温州市节能减排指数较低的主要原因是其节能指数和减排指
数均较低。

二、二级指数的测算结果

从二级指数来看，在节能指数中，台州市（74.07）和舟山市（67.14）较
高，而绍兴市（39.19）、宁波市（44.94）、嘉兴市（39.23）、杭州市（39.16）
和温州市（44.81）均较低，造成其较低的主要原因是能源消费结构不合理，
煤炭等化石燃料仍然是这些城市主要的消费能源，天然气和电力等清洁能源
尚未得到广泛使用。

在减排指数中，舟山市（70.33）和绍兴市（68.97）较高，其次是台州市
（53.83）、嘉兴市（52.92）和宁波市（50.44），杭州市（48.92）和温州市
（41.71）较低。这是因为杭州市污染物排放量较大，尤其是废水的排放；与
之不同，温州市则是缘于环境治理投资较少，特别是工业废水治理投资较
少。相关测算结果可见表7.5。

表7.5　2016年浙江省沿海城市节能减排绩效的二级指数测评结果

地　区	能源消耗	能源消费结构	污染物排放	污染物处理及利用	污染治理
杭州市	29.99	9.16	5.88	26.16	16.87
宁波市	34.81	10.13	3.28	30.00	17.16
温州市	31.97	12.84	11.82	21.82	8.06
嘉兴市	28.34	10.89	6.04	28.30	18.58
绍兴市	26.59	12.60	8.35	28.18	32.45
舟山市	34.16	32.98	35.00	28.94	6.39
台州市	51.46	22.61	15.47	28.84	9.52

第四节｜小　结

本节从海洋节能减排的含义出发，构建了浙江省海洋节能减排绩效评估
指标体系，并进行了相应的统计分析，主要得出以下结论：

第一，舟山市的节能减排绩效领先于其他各市，其节能指数和减排指数均较高是其绩效高的主要原因。这与舟山市供电公司大力推进电能替代措施密切相关，多措并举提高电能在终端能源消费中的比重，进而减少化石能源的使用，从根本上实现节能和减排的双目标。

第二，台州市节能指数较高也使其在总体排名上位居第二。这是缘于，为完成"十三五"期间的节能减排目标，台州市切实抓好中央污染防治专项资金项目的规范管理和落实，高效利用中央资金全面推进环境治理工程项目建设，使生态环境质量得到大幅改善，并被国务院表彰为"全国环境质量明显改善城市"。

第三，杭州市节能减排绩效指数较低，主要由于能源消费结构不合理，仍以煤炭等化石燃料而非天然气和电力等清洁能源作为主要燃料，且杭州市的污染物排放量较大，尤其是废水。而温州市节能减排绩效指数较低，主要由于环境治理投资尤其是工业废水治理投资较少，使其绩效落后于其他各市。

基于上述分析，本部分提出以下政策建议：

第一，加大温州市环境污染治理投资。由上述结论可知，温州市的环境污染治理投资不足是导致其节能减排绩效指数较低的主要原因，尤其是工业废水治理投资较少。因此，建议温州市环保部门加大对环境污染治理的投资力度，并制定相应的实施方案，从而保障环境污染治理投资的合理使用。

第二，优化杭州市相关企业的能源消费结构。考虑到杭州市能源消费以传统能源为主，且伴随着大量的污染物的排放，建议杭州市环保部门深化能源市场化改革，提高能源利用效率。同时，鼓励企业利用清洁能源替代传统能源，提高可再生能源的市场占有率，进而降低传统能源的使用率。

第八章

海洋节能减排预警

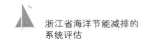
根据浙江省"十三五"规划，要求到2020年，全省单位生产总值能耗比2015年下降17%，能源消费总量控制在2.2亿吨标准煤以内，化学需氧量和氨氮等有机物排放总量较2015年下降17%左右。为了保证节能减排预定目标任务的顺利完成，建立海洋节能减排预警体系是必要手段。通过建立海洋节能减排预警体系，做好海洋节能减排预警应急工作，对沿海城市能源消耗、污染物排放等各类信息进行收集、处理、发布，向相关部门提供及时、准确、有效的海洋节能减排预警应急信息，才能有针对性地开展节能减排工作，实现节能减排目标。

第一节｜基本思路

通过建立浙江省海洋节能减排预警系统，动态监测海洋节能减排状况的变化，预测未来海洋节能减排的走势，对相关部门做好节能减排预警应急工作具有重要意义。具体研究步骤如下：首先，考虑海洋节能减排相关数据的特殊性，从海洋节能减排预警的功能出发，基于经济、能源、污染物、环境质量4个方面构建浙江省海洋节能减排预警评估指标体系；其次，依据统计指数的编制思路，借助熵权法来确定指标权重，并对测算模型进行合成；最后，利用《浙江省海洋环境公报》和《浙江自然资源与环境统计年鉴》的相关数据，分别将浙江省海洋节能减排形势评估结果转换为警情输出，从整体、一级指标和二级指标等多个层面进行分析，据此对浙江省沿海城市海洋节能减排的实施状况发出警报。

第二节｜海洋节能减排预警方法

本节根据海洋节能减排的预定目标任务，来构建浙江省海洋节能减排预警指标体系，并利用熵权法确定指标权重，从而加权得到海洋节能减排预警指数，并结合交通信号灯颜色来反映浙江省海洋节能减排实施状况，即通过观察信号灯的颜色来判断未来海洋节能减排的进展趋势。

一、海洋节能减排预警指标体系的构建

海洋节能减排预警指标体系的选取，首先需要对警情进行分析，考虑陆源污染物排放和能源消耗对海洋节能减排工作的实施具有重要影响；其次需要对警源进行分析，考虑海洋经济结构等内在因素作用的内在警源和海洋环境质量、海洋能源消耗、海洋污染排放等外在因素作用的外在警源；最后根据实际情况选取警兆指标。通过参考大量文献，考虑到数据维度、指标的全面性等因素的影响，遵循全面性、科学性、可得性的原则，从海洋经济结构、海洋能源消耗、海洋污染排放、海洋环境质量4个方面，构建了海洋节能减排预警指标体系，见表8.1。

表8.1　浙江省海洋节能减排预警指标体系

一级指标	二级指标	单　位	数据来源
海洋经济结构	海洋第二产业比重	％	《浙江省海洋环境公报》
	环境污染治理投资占地区生产总值的比重	％	《浙江自然资源与环境统计年鉴》
海洋能源消耗	单位海洋生产总值能耗[①]	吨标准煤/万元	统计年鉴
	单位海洋生产总值电耗	千瓦时/万元	
	单位海洋生产总值水耗	立方米/万元	
海洋污染排放	单位海洋生产总值废水排放总量	吨/万元	《浙江自然资源与环境统计年鉴》
	单位海洋生产总值废气排放总量	立方米/万元	
	单位海洋生产总值固体废弃物产生量	吨/万元	
海洋环境质量	近岸海域海水水质	％	
	海洋保护区面积	平方千米	
	海水可养殖面积	平方千米	《中国统计年鉴》

二、数据处理

利用倒数化处理方法对原始数据中的逆指标进行处理，具体公式如下：

[①] 根据数据的可获得性,海洋生产总值由规模以上工业生产总值代替,下同。

$$x_{\text{new}} = \frac{1}{x_{\text{old}}} \tag{8.1}$$

其中，x_{new}为倒数处理之后的指标，其数值越大越好，x_{old}为原始指标。

三、指标赋权

熵权法的基本步骤可表示如下：

第一步：先对指标进行比重变换，将指标的实际值变换为评价值。变换公式如下：

$$a_{ij} = \frac{x_{ij}}{\sum_{i=1}^{n} x_{ij}} \tag{8.2}$$

其中，x_{ij}表示第i年第j个指标的数值，a_{ij}表示第i年的该指标数值所占的比重。

第二步：计算指标的熵值。计算公式如下：

$$k_j = -\left(\frac{1}{\ln n}\right) \sum_{i=1}^{n} a_{ij} \ln a_{ij} \tag{8.3}$$

其中，k_j表示第j个指标的熵值，n表示观测年度数。

第三步：计算各个指标的权重，公式为：

$$w_j = \frac{1 - k_j}{\sum_{j=1}^{m}(1 - k_j)} \tag{8.4}$$

其中，w_j表示第j个指标的权重。

根据熵权法的计算步骤，得到了浙江省海洋节能减排预警指标体系中各指标的权重，结果如表8.2所示。

表8.2　熵权法计算得到的指标权重

二级指标	指标权重	二级指标	指标权重
海洋第二产业比重	0.0006	单位海洋生产总值废气排放总量	0.0759
环境污染治理投资占地区生产总值比重	0.1990	单位海洋生产总值固体废弃物产生量	0.0540
单位海洋生产总值能耗	0.0026	近岸海域海水水质	0.5778

二级指标	指标权重	二级指标	指标权重
单位海洋生产总值电耗	0.0014	海洋保护区面积	0.0188
单位海洋生产总值水耗	0.0629	海水可养殖面积	0.0013
单位海洋生产总值废水排放总量	0.0057		

四、警情状态指标

通过前文各预警指标的得分加权合成，可计算综合预警指数，公式为：

$$Z = \sum_{i=1}^{n} w_j z_j$$

其中，Z 为综合预警指数，w_j 为第 j 个指标的权重，z_j 为第 j 个预警指标的得分。

五、预警灯系统的设计

设计海洋节能减排预警系统，首先要选择能够反映海洋节能减排实施状况的敏感性、关键性指标，继而运用有关的数据处理和预测方法预测所选指标的未来值，再通过加权合成方法合成为一个综合性的指标，最后通过一组类似于交通信号灯的红、绿、黄、蓝、浅蓝灯来反映综合指标所代表的海洋节能减排实施状况，再通过观察信号灯的颜色来判断未来海洋节能减排的进展趋势。

六、警情区间

红、绿、黄、蓝、浅蓝色分别表示节能减排实施的不同状态，同时也可以反映单个指标所处的状态。通常用单个指标的临界值来划分状态区域，因此，状态区域的划分和临界点的确定对预警科学性有重大影响。

（一）等级的划分

将海洋经济运行状况划分为1级、2级、3级、4级和5级五大级别。红、绿、黄、浅蓝、蓝色分别对应5种运行状况，详见表8.3。

表8.3　信号灯与警情对照表

信号灯颜色	蓝灯	浅蓝灯	绿灯	黄灯	红灯
警情	5级	4级	3级	2级	1级

（二）单个指标临界值的确定

指标临界值对预警灯显示系统的构建起着决定性的作用，因而，不能简单、随意地确定临界值。通常，单个指标临界值的确定需要遵循以下原则：要根据所选指标的实际值确定指标波动的中心线；根据指标在不同区域出现的概率，求出它的基础临界值，即统计意义上的临界点；若指标数据太短或节能减排长期处在无显著效果状态时，须通过实际节能减排相关理论的判断，剔除该指标的异常值，重新确定指标波动的中心线，进而相应调整临界值。

我们采用概率统计方法中的3西格玛（3σ）方法来确定单个指标的临界值。σ 即统计学中的标准差，表示数据的分散程度。3σ方法最初被应用于质量管理中，是将数据的统计特性成功运用到质量管理中的典范之一。

3σ 的基本思想是：指标正常和异常的度量不是单一的值，而是一个区间。当评价目标有一定容量的数据样本，在对指标的实际值进行"归一化"处理后，其分布可近似看作是正态分布。由正态分布的特性，当样本值 X 距离期望值越近，则可能性 P 就越高，相反，则 P 越低。根据统计学原理，样本值偏离期望值超过1倍标准差的可能性为31.74%；偏离超过2倍标准差的可能性为4.55%；偏离超过3倍标准差，可能性仅为0.27%。由大数定律可知，可以根据样本值所处的区间判断其所处的状态：

$$P(|X-\mu|<k\sigma)=\Phi(k)-\Phi(-k)=\begin{cases}0.6826, & k=1\\0.9545, & k=2\\0.9973, & k=3\end{cases}$$

参照样本值偏离期望值的标准差倍数来判断指标所处的状态。不同的沿海城市对海洋节能减排有不同的要求，因而会选择不同的标准。节能减排实施严格的城市，可选择偏离1倍以上标准差作为异常区间。一般情况下，选择2倍以上标准差作为异常区间。在正常的系统中，数据远大于或远小于期望值的概率非常低。

将 3σ 方法应用到海洋节能减排预警中，需要与海洋节能减排的实际情况相结合。目前，海洋节能减排预警指标中数据的连续年限不长，若选择 3 倍标准差作为正常的波动范围，则基本没有数据落在异常区间内；若选择 1 倍标准差作为正常的波动范围，由于预警指标体系中部分数据的波动性较大，落入异常区间的指标值会太多，我们选择将 2 倍标准差作为异常的依据。偏离期望值 1 倍标准差的区间属于"正常区间"；偏离期望值 1—2 倍标准差的区间属于"基本正常区间"；偏离标准值 2 倍以上的区间属于"异常区间"。5 种状态区间的划分详见表 8.4。

表8.4　预警状态相对应的区间划分

预警状态	5级	4级	3级	2级	1级
区间	$(-\infty, \mu-2\sigma]$	$(u-2\sigma, u-\sigma]$	$(u-\sigma, u+\sigma]$	$(u+\sigma, u+2\sigma]$	$(u+2\sigma, +\infty)$

第三节 | 测算结果与分析

本节利用熵权法加权测算得到浙江省沿海城市海洋节能减排预警指数，根据预警指数划分沿海城市预警状态。此外，通过分析沿海城市节能减排预警指标体系的分项指标，进一步了解各城市海洋节能减排的问题所在。

一、一级指标综合得分

由各指标权重及其无量纲化数值可得各一级指标的综合得分，如表 8.5 所示。以 2013 年为基期，由表 8.5 可知 4 个一级指标在各年度的变化情况。在海洋经济结构方面，2014 年的得分为 126.84，较 2013 年高出 26.84 分。而 2015 年增幅有所下降，得分仅为 116.30，比 2014 年低 10.54 分。2016 年海洋经济结构得分为 164.24，同比增幅有所扩大。这说明，2014 年海洋经济结构有所改善，随后 2015 年得到小幅改善，而后到 2016 年得到极大的改善，增幅是往年的数倍。

表8.5　一级指标综合得分

一级指标	2013年	2014年	2015年	2016年
海洋经济结构	100	126.84	116.30	164.24
海洋能源消耗	100	111.88	119.61	131.02
海洋污染排放	100	108.10	108.83	129.99
海洋环境质量	100	74.72	100.43	165.19

　　海洋能源消耗的得分逐年增加，且增幅平稳。2014年、2015年和2016年分别同比增加11.88分、7.73分、11.41分，说明这3年浙江省海洋能源消耗持续得到改善。

　　在海洋污染排放方面，2014年和2015年的得分分别较2013年增加8.10分、8.83分，说明这2年海洋污染物排放情况得到改善。2016年的得分为129.99，较之前有大幅提升，表明海洋污染排放量在2016年大幅下降。

　　在海洋环境质量方面，2014年得分为74.72，与2013年相比减少25.28分，说明2014年海洋环境质量方面有所降低。2015年的得分为100.43，较2013年增加0.43分，说明海洋环境质量有所提升。2016年该得分继续增长，达165.19，说明2016年海洋环境质量得到较大提高。

二、分地区综合得分

　　根据相应的计算步骤，可计算浙江省及各沿海城市的综合得分，结果如表8.6所示。

表8.6　2013—2016年浙江省及其沿海城市海洋节能减排综合得分

综合得分	2013年	2014年	2015年	2016年
浙江省	100	92.14	106.02	157.94
宁波市	100	101.47	81.78	100.02
温州市	100	99.17	83.49	102.44
嘉兴市	100	99.60	78.74	97.43
舟山市	100	97.61	77.72	102.27
台州市	100	100.87	83.65	88.37

浙江省海洋节能减排综合得分经历了先小幅下降后大幅上升的过程。具体而言，2014年浙江省海洋节能减排综合得分为92.14，较2013年减少7.86分，说明2014年浙江省海洋节能减排情况较2013年差。而2015年得分为106.02，较2014年提高了13.88分，但较2013年仅提高了6.02，说明2015年浙江省海洋节能减排得分虽然有所回升，但增长幅度仍然较小。2016年该得分大幅增长至157.94，说明2016年浙江省海洋节能减排情况得到明显改善。

从地区角度看，浙江省各沿海城市的海洋节能减排得分在2013—2016年间呈现出不同的趋势，主要可以划分为2种趋势。

第一种是先下降再上升的趋势，这种趋势的代表性城市有温州市、嘉兴市和舟山市，这些城市的海洋节能减排综合得分大部分时间在100以下，虽然2016年温州市和舟山市的得分较2013年有所增加，但是上升幅度仍然较小。

第二种是先上升后下降再上升的趋势，如宁波市和台州市2014年的海洋节能减排综合得分较2013年分别增加了1.47分和0.87分，但2015年均下降至82分左右，随后宁波市的得分反弹至100.02，而台州市得分仅较2015年增加5分左右，可见台州市海洋节能减排工作后劲不足。

整体而言，在2013—2016年间，浙江省不同沿海城市的海洋节能减排得分存在较大差异，且2016年大部分城市呈现上升趋势。

三、浙江省海洋节能减排预警分析

当综合预警指数小于或等于13时，信号灯为蓝灯；当综合预警指数大于13、小于或等于19时，信号灯为浅蓝灯；当综合预警指数大于19、小于或等于31时，信号灯为绿灯；当综合预警指数大于31、小于或等于37时，信号灯为黄灯；当综合预警指标指数大于37时，信号灯为红灯。综合预警指数的界限划分如表8.7所示。

表8.7　综合预警指数界限划分

综合预警指数	≤13	(13,19]	(19,31]	(31,37]	>37
信号灯颜色	蓝灯	浅蓝灯	绿灯	黄灯	红灯
对应经济状态	过冷	偏冷	正常	偏热	过热

将各预警指标的警情分值加权合成，得到2013—2016年浙江省海洋节能
减排综合预警指数，结果如表8.8所示。

表8.8 2013—2016年浙江省海洋节能减排综合预警指数

年　份	综合预警指数	警　情
2013年	22.02	绿灯
2014年	20.05	绿灯
2015年	23.24	绿灯
2016年	34.69	黄灯

由表8.8可知，浙江省海洋节能减排综合预警指数呈先小幅下降后大幅上
升的趋势，运行状态良好。具体来看，2013—2015年，综合预警指数分别为
22.02，20.05，23.24，均属于19至31的区间，信号灯颜色为绿色，即海洋节
能减排处于正常的水平，运行较为稳定。其中，2013年综合预警指数有较多
的预警指标处在浅蓝灯的区间内，2014年和2015年浙江省的各项预警指标均
处在绿灯的区间内，说明浙江省海洋节能减排综合预警指数的各项指标波动
逐渐变小，且有稳步上升的趋势。

2016年浙江省海洋节能减排综合预警指数大幅度增加，达34.69，处于31
至37之间，信号灯颜色为黄色，其对应的状态为偏热，说明2016年浙江省海
洋节能减排效果显著。

四、各市海洋节能减排预警分析

从时间序列角度看，浙江省各沿海城市的海洋节能减排综合预警指数均
呈现先下降后上升的变化过程，具体可见表8.9。

表8.9 2013—2016年浙江省沿海城市海洋节能减排综合预警指数

地　区		2013年	2014年	2015年	2016年
宁波市	综合预警指数	28.64	26.77	19.28	25.31
	警情	绿灯	绿灯	绿灯	绿灯
温州市	综合预警指数	28.33	25.79	19.90	25.98
	警情	绿灯	绿灯	绿灯	绿灯

地　区		2013年	2014年	2015年	2016年
嘉兴市	综合预警指数	29.03	26.82	19.00	25.15
	警情	绿灯	绿灯	浅蓝灯	绿灯
舟山市	综合预警指数	29.16	26.11	18.71	26.01
	警情	绿灯	绿灯	浅蓝灯	绿灯
台州市	综合预警指数	29.34	27.42	20.33	22.91
	警情	绿灯	绿灯	绿灯	绿灯

从测算结果来看，2013—2015年间，宁波市、温州市、舟山市和台州市综合预警指数均呈现连续下降趋势，由29左右下降至19左右，且这3年信号灯的颜色均为绿色，即海洋节能减排处于正常的水平，运行较为稳定。

与之不同的是，2015年嘉兴市海洋节能减排综合预警信号灯为浅蓝，其对应的状态为偏冷，说明2015年嘉兴市海洋节能减排效果较差。2016年，宁波市、温州市、嘉兴市和舟山市的海洋节能减排综合预警指数均在25附近波动，而台州市仅为22.91，可见台州市海洋节能减排综合预警指数反弹后劲不足。

第四节 │ 小　结

本节从海洋节能减排预警的功能出发，基于经济、能源、污染物、环境质量4个方面构建浙江省海洋节能减排预警评估指标体系，并从多个方面对浙江省沿海城市海洋节能减排的状况进行预警，主要得出以下结论：

第一，从海洋节能减排综合得分结果可知，在2013—2016年间，浙江省海洋节能减排综合水平经历了先小幅下降后大幅上升的过程，而不同沿海城市的海洋节能减排综合水平存在较大差异。具体而言，温州市、嘉兴市和舟山市海洋节能减排综合水平经历了先下降再上升的趋势，宁波市和台州市海洋节能减排综合水平经历了先上升后下降再上升的趋势。

第二，从海洋节能减排预警分析结果可知，在2013—2016年间，浙江省

及其沿海城市的海洋节能减排预警指数均呈先小幅下降后大幅上升的趋势，运行状态良好。其中，除2015年嘉兴市海洋节能减排效果较差外，2013—2016年各沿海城市的海洋节能减排效果均处于正常水平，运行较为稳定。

基于上述分析，本部分提出以下对策建议：

第一，加强环境污染的监测力度。目前，浙江省各沿海城市海洋节能减排综合水平存在明显差异，建议浙江省环保部门加大对各沿海城市污染物总量排放的控制，尤其是对于国家重点行业，如对钢铁、火电及化工等行业的强化脱硫设施使用的监测。同时，努力建立针对不同沿海城市的污染物联合控制机制，健全环境污染相关的标准体系。

第二，健全环境质量考核机制。由于浙江省及其沿海城市的海洋节能减排预警指数均经历了波动变化的趋势，建议相关部门加大执法力度，提高环保行业准入门槛，严格落实环保目标责任制，建立对环境质量的考核机制，保证浙江省节能减排水平稳步上升。

参考文献

［1］杭州市统计局，国家统计局杭州调查队，杭州市社会经济调查局.杭州统计年鉴2016［M］.北京：中国统计出版社，2016.

［2］嘉兴市统计局，国家统计局嘉兴调查队.嘉兴统计年鉴2013［M］.北京：中国统计出版社，2013.

［3］嘉兴市统计局，国家统计局嘉兴调查队.嘉兴统计年鉴2016［M］.北京：中国统计出版社，2016.

［4］嘉兴市统计局，国家统计局嘉兴调查队.嘉兴统计年鉴2015［M］.北京：中国统计出版社，2015.

［5］嘉兴市统计局，国家统计局嘉兴调查队.嘉兴统计年鉴2014［M］.北京：中国统计出版社，2014.

［6］宁波市统计局，国家统计局宁波调查队.宁波统计年鉴2016［M］.北京：中国统计出版社，2016.

［7］宁波市统计局，国家统计局宁波调查队.宁波统计年鉴2015［M］.北京：中国统计出版社，2015.

［8］宁波市统计局，国家统计局宁波调查队.宁波统计年鉴2014［M］.北京：中国统计出版社，2014.

［9］宁波市统计局，国家统计局宁波调查队.宁波统计年鉴2013［M］.北京：中国统计出版社，2013.

［10］绍兴市统计局，国家统计局绍兴调查队.绍兴统计年鉴2016［M］.北京：中国统计出版社，2016.

［11］台州市统计局，国家统计局台州调查队.台州统计年鉴2016［M］.

北京：中国统计出版社，2016.

　　［12］台州市统计局，国家统计局台州调查队.台州统计年鉴2015［M］.
北京：中国统计出版社，2015.

　　［13］台州市统计局，国家统计局台州调查队.台州统计年鉴2014［M］.
北京：中国统计出版社，2014.

　　［14］台州市统计局，国家统计局台州调查队.台州统计年鉴2013［M］.
北京：中国统计出版社，2013.

　　［15］温州市统计局，国家统计局温州调查队.温州统计年鉴2016［M］.
北京：中国统计出版社，2016.

　　［16］温州市统计局，国家统计局温州调查队.温州统计年鉴2015［M］.
北京：中国统计出版社，2015.

　　［17］温州市统计局，国家统计局温州调查队.温州统计年鉴2014［M］.
北京：中国统计出版社，2014.

　　［18］温州市统计局，国家统计局温州调查队.温州统计年鉴2013［M］.
北京：中国统计出版社，2013.

　　［19］浙江省统计局.浙江自然资源与环境统计年鉴2016［M］.北京：中
国统计出版社，2016.

　　［20］浙江省统计局.浙江自然资源与环境统计年鉴2015［M］.北京：中
国统计出版社，2015.

　　［21］浙江省统计局.浙江自然资源与环境统计年鉴2014［M］.北京：中
国统计出版社，2014.

　　［22］浙江省统计局.浙江自然资源与环境统计年鉴2013［M］.北京：中
国统计出版社，2013.

　　［23］浙江省统计局.浙江自然资源与环境统计年鉴2012［M］.北京：中
国统计出版社，2012.

　　［24］浙江省统计局.浙江自然资源与环境统计年鉴2011［M］.北京：中
国统计出版社，2011.

　　［25］浙江省统计局，国家统计局浙江调查总队.浙江省统计年鉴2016
［M］.北京：中国统计出版社，2016.

［26］浙江省统计局，国家统计局浙江调查总队.浙江省统计年鉴2015［M］.北京：中国统计出版社，2015.

［27］浙江省统计局，国家统计局浙江调查总队.浙江省统计年鉴2014［M］.北京：中国统计出版社，2014.

［28］浙江省统计局，国家统计局浙江调查总队.浙江省统计年鉴2013［M］.北京：中国统计出版社，2013.

［29］舟山市统计局，国家统计局舟山调查队.舟山统计年鉴2016［M］.北京：中国统计出版社，2016.

［30］舟山市统计局，国家统计局舟山调查队.舟山统计年鉴2015［M］.北京：中国统计出版社，2015.

［31］舟山市统计局，国家统计局舟山调查队.舟山统计年鉴2014［M］.北京：中国统计出版社，2014.

［32］舟山市统计局，国家统计局舟山调查队.舟山统计年鉴2013［M］.北京：中国统计出版社，2013.

［33］苏为华，张崇辉，李伟.中国海洋经济动态监测预警系统及发展对策研究［M］.北京：中国统计出版社，2014.

［34］张国兴，高秀林.我国节能减排政策措施的有效性研究［J］.华东经济管理，2014（5）：45-50.

［35］张旭芳.煤炭企业节能减排监测预警系统构建探析［J］.煤炭经济研究，2014，34（7）：51-54.

［36］张国兴，张振华，管欣，等.我国节能减排政策的措施与目标协同有效吗？——基于1052条节能减排政策的研究［J］.管理科学学报，2017，20（3）：161-181.

后 记

近年来，浙江省海洋经济迅速发展，逐渐成为浙江省经济发展的中坚力量。但是海洋经济在迅速发展的同时，也对海洋环境造成巨大压力。因此，如何协调海洋经济与海洋生态环境，使其平衡发展，保障海洋经济的可持续发展和海洋环境的友好发展，已经成为急需解决的难题。因此，为厘清浙江省海域污染物排放现状及其影响，本书以《浙江省海洋环境公报》《浙江自然资源与环境统计年鉴》等为基础，对浙江省海洋节能减排情况进行系统分析与评估。

首先对浙江省海洋节能减排的整体情况进行概述。具体而言，主要从入海河流分布及水质状况、入海排污口分布及排污状况、入海污染源综合状况3个方面对浙江省及其6个沿海城市的节能减排情况进行系统分析。其次，本书从浙江省海洋经济发展的现状出发，从监管的视角提出对海洋节能减排进行局部效应分析和整体评估与预警。第一个视角是基于局部的，分别从污染物排放和能源消耗方面对相关产业及其与海洋经济发展的关系进行研究。第二个视角则是基于整体的，对海洋节能减排绩效进行评估与预警，归纳出浙江省海洋节能减排的发展特征，剖析现存的问题，并提出相应的政策建议。希望本书能够为相关部门在海洋节能减排方面的监督工作提供基础数据支持。但由于时间和精力有限，本书可能存在不足之处，敬请各位读者批评指正。

全书由浙江工商大学统计与数学学院陈钰芬教授负责组织撰写，侯睿婕博士及袁凯顺等在读硕士生、博士生参与了书稿资料的收集和整理工作。对于他们的辛勤工作，在此一并表示感谢。本书的出版得到了浙江工商大学统

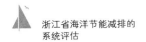
计数据工程技术与应用协同创新中心（浙江省 2011 协同创新中心）、浙江省优势特色学科（浙江工商大学统计学）建设基金、国家社科基金重大项目（21 & ZD154）的资助，也受到了浙江工商大学之江大数据统计研究院、杭州之江经济大数据实验室（智库）的联合资助。

陈钰芬

2020 年 10 月于浙江工商大学